JN247746

My Ordinary Days

衣食住、四季を巡るわたしの暮らし

Table of Contents

Spring / Summer / Autumn / Winter

Why don't you take a look at the book ?

はじめに

風にそよぐ枝葉、光が差し込むリビング、季節折々の花あそび、
食いしん坊の食卓、そして犬との暮らし……。
毎日慌ただしく時が流れていくなかで、そんなひと時を写真に
記録することで、時計に頼りがちな暮らしを省みることができる
ような気がします。
世の中が刻々と変わっているけれど、私自身は、半径数十メートル
ほどの身近で起こる日常を大切に、大きな変化を求めずに。
暮らしのなかで工夫を凝らし、小さな実験を重ねていくことが
私にとってクリエイティブで心躍る作業。
巡る季節をなぞり、身の回りを心地よく整えてご機嫌を保ってい
きたいと思います。好きなモノやことをバトンにしながら、日々移り
ゆく景色のリレー。
私の365日の暦はじまります。

雅姫

January　001/365

新しい年のはじまり、今年最初のいただきます。
毎年、おなじみの献立ですが、繰り返し作っている味こそおいしい。
いつもより手をかけて盛り付ける作業が楽しいのです。
お煮しめに、鶏の金柑煮、秋田の母から届いた黒豆ときんとんも。
大きな石皿に盛って南天や椿の葉をあしらいました。
ここ数年、気に入っているのは松葉に黒豆を差す盛り付け。
お重を使わなくても、「お祝いの食卓」は仕立てられます。

002／365

二日目の朝もお雑煮。
お椀の中には、夫婦それぞれの郷土の味、
それぞれの家族の寿ぎの気持ちが詰まっています。
夫は兵庫出身なので、甘い白味噌仕立て。
私の実家秋田はしょうゆ仕立ての鶏だし。
実家と婚家の味が混じり合って、ひとつの家庭の味が完成しました。
ちなみに、夫はお餅どろどろ派。

003／365

小さなお友達からお年賀をいただきました。
おうちの畑で育った立派な大根と、
『ベッカライブロートハイム』の焼きたてカンパーニュ。
お熨斗のお習字、のびのびいい字。赤で描いた蝶結びも晴れやか。
いつも届けてくれてありがとう、今年もよろしくね。

家族そろって近所の氏神様に初詣へ。
久しぶりの外出、人けの少ない街の空気は澄んでいます。
神様へのお願いごとは、今年こそ穏やかな世の中でありますように。
家族みんなが健やかでありますように。
お参りをしたら、毎年恒例のおみくじ。
悔しいことに大吉を引くのはいつも夫。
何だか悔しいんですけど……。

005／365

朝のキッチン、冬ははちみつ色の柔らかな光で包まれます。
光を受けて輝く菊の花がとってもきれい。
お正月飾り用の花を、『アスティエ・ド・ヴィラット』の花器に生け替え。
ポンポンの形もかわいく、淡い色合いが軽やかな菊は、
本当は和花でありながら、洋のしつらいにもしっくりなじみます。

006/365

冬の太陽のように橙色に輝く金柑。
生でパクっと食べてもおいしいけれど、
ゆっくり火を入れてシロップ煮に。
ふくよかな香りのなかにあるほろ苦さが大好きな味です。
焼き菓子に入れたり、肉料理にも抜群に合う。
シロップはソーダで割って召し上がれ。
この時期だけのお楽しみです。

007／365

無病息災、健康長寿を祈って七草粥をいただきます。
お粥のおともは、すじこ、もやしのナムル、スパイシーきゅうり、
好みでごま油をひと垂らし……。
お正月のごちそう三昧で疲れ気味の胃を休ませるためなのに、
ごはんが進むおいしい「おとも」がいっぱいで
腹十二分目、たらふく食べてしまいました。トホホ……。

008／365

愛しの家族、君たちに元気でいてほしい。

一日遅れですが、わんこたちにも七草粥をこしらえました。

上から三男坊・ヴォルス、右下が次男ピカソ、左下が長男もぐらです。

三角耳が油揚げで、目は黒豆、

顔はいつものカンガルー肉ローフード・バーフ。

ちなみにお皿は京都の骨董市で見つけた骨董品500円也。

召し上がれとお膳をセットした刹那、三男坊は秒殺で完食です。

009／365

January

使い切れず残っていた春の七草をトッピングして、
チーズたっぷりのピザトーストにしてみました。
ベースはトマト、その上に自家製ジェノベーゼソースをかけて。
仕上げにオリーブオイルを回しがけ、
ブラックペッパーゴリゴリでいただきます。

冷蔵庫と胃袋の大そうじ。
おせちの余りのなますにくらげとプチトマト、
パクチーと搾菜のみじん切りを入れて、
ごま油、お酢、しょうゆを入れてざざっと混ぜた簡単なサラダ。
うまみはしっかりあるけれどとってもヘルシー。
野菜をいっぱい摂取して、カラダも喜んでいるみたい。

011/365

January

久しぶりの遠出。家族で冬の海へドライブ。
キラキラと光を反射する海が美しく、波の音が優しくて、
心がさらさらに浄化されるよう。
道中、見えた富士山は冬空に映えて神々しさを感じるほど。
昔から信仰の対象になっていた霊峰、
見ると自然とありがたさを感じます。
心の栄養、満タンにして帰ってきました。

012／365

東京目黒にある『LOCALE』で、アボカドオープンサンドと
カシューナッツソースが決め手のエッグスコモドールのブランチ。
カリフォルニア出身のケイティ・コールさんが切り盛りするこちらは、
英語が飛び交う「目黒のアメリカ」といった雰囲気。
フレンドリーな距離感が魅力で、
初めてでも常連さんのような気分になれる居心地のよさです。

013／365

スイーツ好き女子に絶大な人気を誇る
『PÂTISSERIE ASAKO IWAYANAGI』にあやかって、
「マサコ ヤスアガリ」の睦月限定パフェ。
栗きんとん、いただきものの抹茶のパウンドケーキ、
栗の渋皮煮、いちごを重ねて、バニラアイスと黒豆をオン。
仕上げにあんこ春巻きと松飾りを刺したら完成です。
オールおせちの余り物で、お手頃おうちパフェができました。

014／365

昨日に引き続き黒豆リメイク第2弾。
パンケーキ生地に黒豆を混ぜて、マスカルポーネチーズをたっぷり。
黒豆のほっくり素朴な甘味と、チーズのコクのマリアージュ。
あつあつのコーヒーとよく合います。
お好みでシロップをかけて召し上がれ。

015／365

1月15日は母の誕生日。いつものように花を贈ります。
長く厳しい北国・秋田の冬。
花から元気をもらってほしいと春の花を束ねて。
すっとまっすぐに立った水仙は、元気の出る黄色。
清らかな香りは心地よく、晴れやかな気持ちになります。

016／365

おはようのパンケーキ。またまた今日も粉ものです。
京都『日曜日のごちそう』のパンケーキミックスは
国産の小麦粉や全粒粉など体に優しい素材でできています。
卵と牛乳で混ぜるだけだから手軽で簡単。
金柑のシロップ煮、マスカルポーネチーズを添えて。

017／365

本日のキッチンは、キーンと冷えて冷蔵庫の中にいるみたい。
ビオラをしつらえ、春の景色を取り込みます。
りんごとピッチャーの油絵は
娘・ゆららが小学生の頃、初めて描いたもの。
おじいちゃんに教わりながら描きあげた思い出の一枚です。
素直で迷いのない筆致が気持ちよく大好きな作品。
果物や器の絵がキッチンにもしっくりなじみます。

018 / 365

今朝のおめざはフレンチトースト。
カチコチになったバゲットを、
卵液に浸して一晩ねかせておいたもの。
染み染みバゲットをフライパンでカリッと焼いて、
仕上げはメープルシロップたっぷりと。
これは、おいしくないわけがないでしょう。

玄関は外と内とを分ける場所。
家の顔ともなる場所だから、基本は白というのがマイルール。
ウェルカムフラワーは白のクロッカス。
球根が芽ぶき、花を咲かせました。

020／365

四季折々の情景を表現している和菓子は、
食卓に季節を運んできてくれます。
今日のおやつは蕪の薯蕷饅頭。
京都・東寺のがらくた市で出合った骨董の器と漆皿でめでたく。

021／365

器愛好家として、コツコツ集めたお宝が並ぶ水屋箪笥。
湯呑みや豆皿、小皿など
形や色合いでグループ分けをして並べています。
入れすぎず、余白をつくっておくのが心地よい収納の鉄則。
なんですけどね……。
ちなみに上段のガラスが無いのは、ヴォルスのしわざ。
おかげで取り出しやすくなりました。

022／365

数年前に実行したキッチンリフォーム。
最初に手を付けたのは、入って左側にあるこの壁。
以前あった吊戸棚は思い切って外してモルタル塗装に。
味のある足場板を取り付けて、オープン収納にしてみました。
とにかくいつもいるキッチン、いつも目に入る場所だから、
「自分の部屋」のような感覚で、
お皿や好きな道具を並べて楽しんでいます。

久しぶりに巻き巻き、キムパの昼ごはん。
家族みんなが好きな具材を巻きます。
甘辛く煮た牛肉、玉子焼き、にんじんのナムル、
緑は小松菜のナムルで彩りよく。
私のおすすめはいぶりがっこ＆クリームチーズ入りです。

024／365

ごはんをたらふく食べても、デザートはしっかり入る自慢の胃袋。
がっつりランチの後でも、〆の甘いものは入る入る。
食パンに自家製あんこたっぷりのせて、あんトーストにしました。
あんこは粒、バターは溶けてる派。おともはブラックコーヒー。

早起きして、最近お気に入りの川崎市中央卸売市場北部市場へ。
ターレーが行き交い、朝から威勢のいい掛け声が飛ぶこちらは
食の流通を司る場所。
ひと通り、市場で買い物した後は、お楽しみの朝ごはん。
市場通に紹介してもらった『富士弁』へ向かいます。
活気ある市場の空気で気分上々、朝からごはんをもりもり。
ポジティブな空気に満ちた市場、来るたびに元気をもらいます。

026／365

昨日の市場ツアーで買ってきたピチピチのお魚たち。
赤いめばるくんと小ムツ５兄弟、
君たちは生まれ変わったら何になりたい？

027／365

めばるくんは一夜明けたら煮付けに変身。
私が女将を務める「森食堂」の本日の献立は
めばるとかぶの煮付け、冷奴食べるラー油がけ、
漬物と生姜の佃煮。
生姜ごはんに、大根とかぶの葉のお味噌汁。
ごはんと佃煮、『クロス&クロス』の茎ほうじ茶はお替り自由。
ランチ営業、間もなく始まります—。

028／365

おばんですぅ。

真夜中の気まぐれ「森食堂」開店。

まずは酒の肴セットで一杯いかがです？

小ムツ君とエリンギとスナップえんどうのフリット、

らっきょう入り自家製タルタルソースを添えて。

秋田県民定番のいぶりがっこチーズ、長芋のガーリックステーキ。

〆のご飯セットもございます。

ようやく自分の目指す道に進んだ娘の美大生活も終わり、
次は大学院へ。
これは、高校生のとき私の父・すすむが作ってくれた木のパレット。
美大では繊細な作品が多い中、娘は絵具を生々しく使うスタイル。
両親が共働きで忙しくしている横で、
時間を埋めるようにずっーと描いていた絵が「好き」に変わり、
「心の糧」となり、迷いなく美術の道に進みました。
上手くいかないこともたくさんあるとは思うけど、
やりたいことや得意なことがあるってとても幸せだね。

ちっちゃい兄貴たちとのんびりお散歩していたら、
公園の片隅に「森の幼稚園」発見！
お花模様のセーターがまるで制服みたいだね。

031／365

January

朝活と題して、早起きをしてちょっと遠くの広場へ。
ハァハァと白い息を吐きながら走る娘と
嬉しそうに追いかけるヴォルスとピーちゃん。
寒い、眠いの人間はさておき、犬たちは朝から元気いっぱいです。

January

外の空気をいっぱい吸って、たくさんの匂いを嗅いで、
広いところを走り回る。
生き生きとした犬たちを見ていたら、気持ちは爽快に。
早起きの気持ちよさを知れたのは彼らのおかげです。
犬がいなかったら、きっとこんな時間に
こんなところに来ていないだろうな。

February　032／365

私のお店『ハグ オー ワー』に春色のブーケが届きました。
つくってくれたのは世田谷・中町にある『blossom』。
素敵なセレクトの小さな町の花屋さんです。
ミモザ、水仙、ヒヤシンス、豆の花、ラナンキュラス、
サマースイトピー、ルピナス……。
黄色いお花がぎゅぎゅっと詰まった、幸せの花束にため息。
足元のバレエシューズもお揃いの色。

ゆでたじゃがいもをマッシュして、強力粉、グラナチーズ、卵、塩、
すべてをボウルで混ぜ混ぜニョッキ作り。
生地をこねて棒状にしたらひと口大に。
手でコロコロ丸めて、最後はフォークで軽く押して。
私はこの作業が大好き。
クリームソースにあわせていただきます。

034／365

ただいま明日の鬼を決める大事な犬会議中。
今年晴れて鬼役を射止めたのはこの方、三男坊の森ヴォルス君。
赤鬼のコスチュームをフィッティング。
歳の数だけお豆が食べられるんだよ。
ちなみに大役の君は５粒です……。

035／365

災害や厄である鬼を追い払うために豆をまき、
家の中の邪気を払い、福を迎えるのがならわしの節分。
今宵は、昨日鬼に抜擢された三男坊が現れました。
コスチュームは急遽、青に変わった模様。
豆がまかれたそばから食べまくっているこの鬼。
会議で、5粒とあれほど言われていたのに……。

036／365

February

春はすぐそこと思っていたけれど、まだまだ真冬並みの寒さ。
毎朝通勤で通る梅林の梅も、今日は寒そう。
がんばれ梅ちゃん。春は近づきつつありますよ。

台所から感じる春。
あさりとえんどう豆の炊き込みご飯。
えんどう豆のサヤも一緒に炊き上げると
ごはんの旨みがより増します。
仕上げにサヤを取り除き、バターを加えて。

038／365

じゃが芋ガレットで朝ごはん。
おいしくつくる小さなコツは、お芋を水にさらさないことと、
スライスしたお芋に少し片栗粉をまぶすこと。
でんぷん質がお芋同士をくっつけ、かためてくれます。
皮を剥く手間も、下ゆでの必要もなし。
芋とバターと塩こしょう、家にある材料だけでこんなにおいしい。
目玉焼きを乗せたら立派なごちそう。芋と卵は天才だ！

いただいた手土産、東京・下町『山田家』の人形焼きで休憩。
鳥獣戯画のうさぎとサルも参加して、楽しいおやつ時間。
さて、ふっくらお腹のタヌキさん、顔からいくか、足からいくか……。

040／365

February

ショップの壁一面に、ミモザのリースがずらり！
フラワーアーティスト『OEUVRE（ウヴル）』の田口一征さんを先生に迎え、
ミモザのリースをみんなで作るというレッスン。
大きさ、形、バランス、ボリューム……。
シンプルなリースながら、それぞれの個性がちゃんと出ていて面白い。
フレッシュからドライへ。
日の経過とともに変わる様子も魅力的です。

満開のミモザとユーカリ、雪柳でつくった黄色いリース。
こちらは、先生・田口さんの作品。
材料はシンプルなのに、葉の動きや花のボリュームの加減で
いろいろな表情を見せてくれます。
ヨーロッパでは春を告げる花として愛されているミモザ。
ふわふわとした黄色い小花が、空間を明るく温かくしてくれます。

042／365

「美しい書き物」というギリシャ語に由来するカリグラフィー。
アルファベットを美しく整えて書く、ヨーロッパの書道のようなもの？
自分でかっこよく書けたらいいなと、
モダンカリグラフィーの先生・村田瑞記さんの、
ワークショップが実現しました。
背筋を伸ばし、ひたすらに文字に向き合う心地よい数時間。
家でもたくさん練習して、自分のものにしていかなくては。

043／365

今日のおやつは横浜の洋菓子店『Herriott（エリオット）』のレモンのタルト。
タルト生地のフチにクッキーの蝶々が止まり、春の花畑のよう。
田園風景や植物を転写した茶色のトランスファー柄のお皿は、
1900～1920年代のフランス『ショワジールロワ』社製。
100年以上も前のものなんですって！

犬の友だち・ふくちゃんのお父さんにかわいいケーキをいただく。
菓子研究家・高吉洋江さんの代名詞的存在のキャロットケーキ。
佇まいがフォトジェニックで、
2つのコンポートに盛り比べたりしてひとりにんまり。
自己満足の妄想カフェを開いています。
もちろん味も最高。にんじんの甘味とスパイスの香りが合い、
上のクリームの濃厚さとあいまって、いくらでも食べられそうな勢い。

045／365

夫へのバレンタインのチョコレートはいつも同じ。
溶かしたチョコレートにコーンフレークを入れて固めるだけ。
今回は特別にホワイトチョコレートで
ハートバージョンにしてみました。
かれこれ25年以上、進化しようとしていない私。

046／365

休日の朝、あめ色玉ねぎのストックを使って
キッシュを焼いてみました。
具は、薄くスライスしたズッキーニとスモークサーモン。
こんがりいい匂いがキッチンに漂います。

047／365

20年選手のブレンダー「オスタライザー」は、
偏食の夫に「せめて毎朝バナナジュースを」と
新婚時代に買ったもの。
いまは毎朝とはいかないまでも、気が向くと作るバナナジュース。
おんぼろだけどまだまだ現役のブレンダー。
ガッチャンと押すボタン、シンプルな機能、どっしりしたデザインに
愛着があって、ハイテクで便利な新品には替えがたい存在です。

048／365

自称バナナブレッド研究家の私。
一度作ったら面白くなって、レシピの配合を変えたり、
焼き時間を調整したりして、３種作ってみる。
トッピングのバナナは輪切りのドミノ風か、
断面切りのうなぎ風か……。
さて、どれがおいしそう？

049／365

家族全員集合で、バナナブレッドの食べ比べ。
ゆるめに泡立てた生クリームを添えると、味はぐっと本格的に。
我が家のバリスタ、ゆららにコーヒーを淹れてもらい意見交換。
「食べ過ぎてもう飽きた」と言われました……。

050／365

木製のカトラリーやプレートなどの暮らしの道具を作っている
『cogu（コグ）』の作品です。
私が偏愛する八角形のオクトゴナル。
国産の材料にこだわり、
時間をかけて作られているからこそ美しい器。
こういう魂のこもったものたちにエネルギーをいただき、
私の毎日は進んでいけるのです。

051／365

『cogu』の木工職人・中島裕基さんによるワークショップ。
希少な北海道産の胡桃の木を、参加者それぞれが彫刻刀で彫り、
オリジナルのプレートをつくるという静かで贅沢なひと時です。
木の個性、節を見ながら、少しずつ削り出す作業のなかで、
私たちの暮らしは、自然から恵みをいただき、
自然とつながっているんだなということを感じました。
でき上がった木のお皿は、みなさんの食卓へと持ち帰られ、
日々を楽しく豊かにしてくれたらいいな。

ヴォルス誕生日おめでとう。
娘も大きくなり、ほんのちょっぴり時間に余裕ができて、
もぐらとピカソと穏やかな時間を過ごしていたあるとき、
突然、君はやってきました。
たどり着いた我が家で3軒目の保護犬、
その日からあなたはうちの子。
いたずらし放題、食欲は天井知らず。
我が家の暮らしは一変し、驚きの連続だけれど、
愛嬌たっぷり、お茶目なヴォルスに、毎日笑いが絶えません。

053／365

ヴォルスの誕生日を記念して、
パリを拠点に活動する友人『1/2Place（ドゥミプラス）』今野はるえさんに
「森ヴォルス人形」を作ってもらいました。
ハの字眉毛がかわいいこげ茶の人形は、ハグのためのスペシャル。
衣装はアンティークリネンや古い洋服の生地を組み合わせて。
色や柄の組み合わせがとにかくかわいい。
パリ生まれのヴォルスは、ずいぶん洒落てる。
C'est mignon!

054／365

ワークショップ前日、スタッフといちごの試食会。
茨城県の『むつみ農園』さんから届いたいちご9種を食べ比べ。
茨城県のオリジナル品種「いばらキッス」、
桃のような甘さの「桃薫」など、見た目も甘みも香りも、
それぞれ全然違ういちごをひとつずつじっくり味わいます。
もともと大好きないちご、ますます好きになってしまいました。

055／365

いよいよいちご祭り。
先生は野菜ソムリエの本間純子さん。
むつみ農園のいちごはそのままでも最高においしいですが、
やっぱりスイーツにも、ね。
目玉のデザートはいちごの台湾カステラサンド。
柔らかなカステラ生地に、水切りヨーグルト多めの生クリームと
先生お手製のいちごコンフィチュールをはさんで、
最後は宝石のようないちごをのせて。参加者全員の心をロックオン！

056/365

たっぷりのバジルで、自家製ジェノベーゼソースを作りました。
炒った松の実、にんにく、オリーブオイルをフードプロセッサーで混ぜ、
パルメザンチーズと追加のオリーブオイルを加えてかくはんし、
バジルと色出しのルッコラも投入してペースト状に。
最後は塩で調整します。
ソテーしたお魚や、チキン、ポーク、パスタ、何にでも合う万能ソース。
市販のジェノベーゼソースより断然おいしい。
何十年も作り続けるマイレシピです。

遅めのランチはオムライスに焼きポテト、
トマトとバジルのマリネ添え。
自家製ジェノベーゼソースは、
オムライスにも付け合わせにもよく合うお味。
具材がさびしいときもこれをかけると、
味に奥行きが出て、満足感のあるごちそうに。
困ったときの救世主です。

058／365

うららかな日差しに誘われ、水屋箪笥の中の整理を始める昼下がり。
たまたま訪れた花屋さんのディスプレイで使われていた箪笥に
ひと目惚れして、数年前にお迎えしたリビングの顔的存在。
入っているのは小皿、豆皿、そば猪口、漆の椀など……。
ちょっと取り出して整理していたら、出てくる出てくる……。
全部を出して中の点検、入れ替え作業に至りました。

059／365

昨晩、お刺身でいただいた天草の天然真鯛のアラを鯛汁にして、
そこに立派なアオサをたっぷり入れて磯の香りを満喫。
炊き立て玄米ごはんに「高知のかつお飯」の混ぜごはんの素を混ぜて、みょうがと三つ葉パラパラ。
海の恵み、おいしくいただきました。

Spring
The mellow spring sunlight tempts me
to go outside for flowers coming into bloom.

暦の上ではすっかり春だというのに、北風冷たい3月の午後。
もぐらが病院、ヴォルスはシャンプーでお出かけ中につき、
珍しくピーちゃんとサシでお散歩。
点々と並ぶ椿が、なんとまあかわいいこと。
寒い中で咲く椿も、番長兄貴と怪獣三男に惑わされず
マイペースを貫くピーちゃんも、どちらも健気で愛おしい。

061／365

March

3時の一服は桃の節句のひなあられと「さくら緑茶」。
緑茶に桜の花をブレンドした『クロス&クロス』のオリジナルティーは
この時期だけのお楽しみ。うんうん、今年もおいしくできました。
優雅なお茶の時間用に、
庭に咲く椿を手折って白の一輪挿しに飾る。
春の訪れを告げるように晩冬から咲き始める椿。
冬枯れのさびしい庭にいち早く花を咲かせ、
春を待つ私たちの目を喜ばせてくれる花は一輪で堂々の存在感。

062／365

うさぎのお雛様を飾って、桃の節句。
20年近く前、自由が丘の『古桑庵』という茶房で出合ったお雛様。
人形作家でもあったオーナーが長年大切にしてきた生地を
一針一針丁寧に縫って作ったものです。
明治から大正初期、古い生地ならではの深みのある華やかさ。
シンプルにお内裏様とお雛様、そして雪洞（ぼんぼり）のみ。
桃や菜の花などお決まりの花ではなく、
今年は、珍しいピンク色のハナミズキをしつらえます。

063／365

打ち合わせ帰りに『HIGASHIYA』でぼたもちを買いました。
あんこ、きな粉、黒ごま、草もちなど、
種類いろいろ並べておやつ時間。
庭の椿の葉を敷いたら、きりりと端正に整い、
みずみずしさも出ました。
さて、どれにしようかな？

064／365

お昼ごはんは具沢山のおいなりさん。
油揚げを開いて酢飯を八分目くらいまで詰めたら、
口を閉じずにお揚げの端をきゅっと折り込み、オープンいなりに。
炒り卵やグリーンピース、海老、桜でんぶなどをのせて
彩り鮮やか、ハレの日のごちそうになりました。
菜の花の仲間・紅菜苔(こうさいたい)のおひたしと桜大根、
なめこのお味噌汁と一緒に。

065／365

『クロス＆クロス』のエントランスは２階。
通りから階段を上がってきた玄関前の踊り場に、
季節のしつらいをしてお客様をお迎えするようにしています。
春の入り口にあるこの頃は、ハナミズキの大枝を大胆に。
元気なうちに花首から落ちてしまった花は、
陶芸家・花岡隆さんの大鉢に浮かばせて。

066／365

大分から春を告げる小包来たる！
いつか行ってみたいと憧れている『大神（おおが）ファーム』。
600種類以上ものバラが咲くローズガーデンのあるハーブ園です。
春の初めの便は、フレッシュミモザ。
黄色の羽毛のようにふわふわ、
香水にも使われる柔らかな香りも大好き。
まずはフレッシュのままたっぷり生けて、
お次は束ねてスワッグにしたり、お楽しみはいろいろです。

奇跡的に「カリスマ花生け師」のスケジュールがとれました！
我が家の顔·玄関に昨日届いたミモザをしつらえてもらってます。
枝の向きや花の動きを凝視する真剣なその眼差しは、さすが！
そうそう、今日はミモザの日。
国際女性デーである3月8日、イタリアではミモザを
男性が女性に贈る日として定着しているんですって。
素敵な習慣、日本でも広まると嬉しいな。

朝のおたのしみ、甲府の『SUN.DAYS.FOOD』のカンパーニュを
軽く焼いて、カルピスバターをたっぷり。
おともは、りんごとバナナヨーグルト。
北海道の広大な自然の中でつくられている『cogu』のオーバル皿に
のせれば、パンもフルーツも温かみを増してよりおいしそうに見える。
触れるたび豊かな気持ちになれるおおらかな器です。

069／365

私のお気に入りキリムの上でのびのび番長。
手織りのキリムはヴィンテージショップで巡り合ったもの。
先代の持ち主はアメリカ人らしく……。
靴履きで使われていたせいで表面はところどころこすれ気味、
そのかすれ具合がいい感じです。
リビングの空気を変えてくれるような、どっしりとした存在感。

070／365

「クリスマスローズ愛好家」のお客様に、
うちでは無いような珍しい品種のおすそ分けをいただいて、
今年はいろいろな品種を楽しむことができました。
花のかわいらしさを堪能しながら、毎日ちょっとずつ切り詰めて、
最後は花首だけ残すように短く切って、水盤にぷかぷかと。
花のかわいさを終わりまでたっぷりと楽しみます。

071／365

我が家はクリスマスローズ祭り。
生産者さんが大切に育てたものと、
ほったらかしの我が家の庭で咲いたものをミックスして。
大和園のパステリッシュや、ひらひらのクレオパトラ、赤いブロッチ、
カップ咲きのハートのネクタリー、カップ咲きのセミダブルなどなど。
バラエティ豊かな品種のラインナップで、
さながらクリスマスローズ博覧会。

072／365

March

今日のおめざはグラノーラがけバナナヨーグルト。
はちみつをたっぷりかけていただきます。
器は気分を変えて、陶芸家・田中直純さんのゴブレットに。
飲み物もさることながら、デザートがとってもお似合いの器。
終わりかけのチューリップは、大きく開いてびらびらお化けみたい。
もう少し頑張って、最後まで楽しませてね。

073／365

うららかな午後のひと時、仕事のことを考えながら
お茶を飲んでいたら、目の前には同じく思案顔のヴォルス。
君の考えていることはなんですか？
きっと、ごはんのことを考えているのね。
さっき食べたばかりでしょ。

074/365

ゆらら、誕生日おめでとう！
娘を授かったこの日、私の人生が大きく変化しました。
のんびりおおらかなあなたに穏やかな心を、
柔らかな感性と瑞々しい表現力に刺激をもらっています！
素晴らしい人生をありがとう。
あなたの人生も豊かで笑い多きものとなりますように。

075／365

バースデー翌日、オムライスで改めてゆっくりお祝いランチ。
「好きなもの作るよ」と聞いたら、すかさず「オムライス！」の返事。
「森食堂」特製のふわトロオムライスにろうそく立てて召し上がれ。
絵の道で、悩みながらもマイペースに頑張っているみたい。
夢中になれることを見つけられて幸せだね。
これからたくさんのワクワクが待っているんだろうな。

076／365

March

あんこが無性に食べたくなり、自転車を飛ばして
学芸大学の『目黒ひいらぎ』までたいやきを買いに。
私好みの皮薄め、尻尾まであんこビッシリ。
こちらのお店であんこだけを買うこともしばしば。
自分で作るのも好きだけど、よそのあんこもやっぱりおいしい。
さてさて、冷めないうちにいただきましょう。

077／365

毎年、桜の時期になると飾る絵は、
娘が小学校のときに、校庭にあった桜の木を描いたもの。
思い切りよく描かれた姿は本当に気持ちが良くて、大好きな絵。

078／365

楽しみにしていた卒業式が中止になってしまいました。
明日は友達と卒業の記念に集まるのだそう。
記念撮影をするというので、今日は衣装合わせ。
ふたつの候補を実際に着比べます。
こちらは着物好きな友人が見立ててくれたアンティークの着物。
深い紫がシックで気に入っていたけど、裄丈がつんつるてんだね。

私デザインの『つやび』の着物を卒業記念に
仕立ててもらいました。
生地は優しい淡藤色の丹後ちりめん。
京都の伝統ある染匠で染めた小紋です。
極小の桜の花びらを、大小つけた花丸文に。
さらに手描きで描ける最小の花びらの金彩を施しています。
柔和な雰囲気の着物、個性的なドレッドヘアでもしっくり。
ゆらら、大学卒業おめでとう。

080／365

久しぶりに我が家に友人を招いて、春の女子会。
気のおけない仲間が、娘の卒業を記念して集まります。
持ち寄り料理もあわせて、和洋折衷盛りだくさんの華やかな食卓。
〜本日の献立〜
・ブッラータとフルーツトマトのサラダ、海鮮サラダ
・芽キャベツとベーコンのソテー
・紫蘇とチーズとチャーシューの春巻き
・唐揚げ、鶏そぼろのちらし寿司など。

081／365

昨日の宴の名残のテーブル。
テーブルフラワーは、女子に合わせてピンクの菊と桃のしつらえ。
奥でジッと私を見つめている君、口からツララが垂れてるよ。
昨日の唐揚げを思い出してるの？

082／365

リビングの外ではクレマチスのアーマンディが咲き始めました。
放任で育てているのに、小さな株からここまで成長し、
毎年きれいな花を咲かせてくれるアーマンディ。
これを皮切りに、夏まではさまざまな花が咲き続ける我が庭。
さあ、森植物園の開園です！
蚊のいないこの時期は本当に最高。
窓を全開にして香りを楽しみます。

生垣のアーマンディをカットして、ガラスの花器に飾ります。
たくさん咲いているから、もったいぶらずにたんまり。
躍動感のあるツル、摘み取ったばかりのフレッシュさにうっとり。
お花屋さんに並ぶお利口な花には無いワイルドさが魅力です。

084／365

大好評のモダンカリグラフィーのワークショップを再び。
今日のおやつは『Herriott（エリオット）』の春のスペシャルミルクレープ。
クリームはほんのり桜風味のいちご入り。
ピンク色の花びらは、桜を思わせるエディブルフラワー。
なんとも可憐で、乙女なケーキだわ。

085／365

昨日のスペシャルミルクレープにかわいいマカロンもプラスして
スタッフみんなでいただきます。
ミルクレープの食べ方でひとしきり盛り上がる私たち。
一枚一枚はがして食べる派と、
上から下までカットして食べる派と……。
私ははがして、フォークでくるくる巻いて食べる派。パスタかよ。

086／365

March

街が桜色に染まり、近所の公園もお花見で大賑わい。
私は、静かにおうちでお花見です。
骨董のガラスにしつらえたソメイヨシノは、もう満開を迎えました。
散りゆくさまをゆっくり観賞します。

087／365

March

ハラハラと散る桜の花びらまでもが美しく、
オクトゴナルのプレートで花と器のマリアージュ。
季節限定のはかない桜を最後の最後まで味わい尽くします。

088／365

桜のお菓子と桜緑茶、庭の桜の花を添えて桜づくしのお茶時間。
季節を映す和菓子の世界、
特に上生菓子は細工も凝っていて美しい。
それに合わせて豆皿を選ぶのも楽しいひと時です。
華やかさと素朴さが同居する佃眞吾さんの輪花盆をステージに。

089／365

March

季節の移り変わりを教えてくれるいつものお散歩コース。
3月もそろそろおしまい、並木道の桜も満開です。
見上げる空はピンク。街のいたる所がピンクに染まるこの季節、
見慣れた風景がロマンチックに見え、毎年感動してしまいます。

毎年いつもの場所で満開に咲き満ちる姿を、
犬たちとともに眺めてきました。
かつては先代犬・グレゴリーとモリラと。
そしていまはもぐら、ピカソ、ヴォルスと。
人間は桜がきれいで嬉しくて、犬たちは春の匂いが嬉しくて。
どんなに雪が降ってもどんなに風が吹いても必ずやってくる春に、
シンプルで大切なことを考えさせられます。

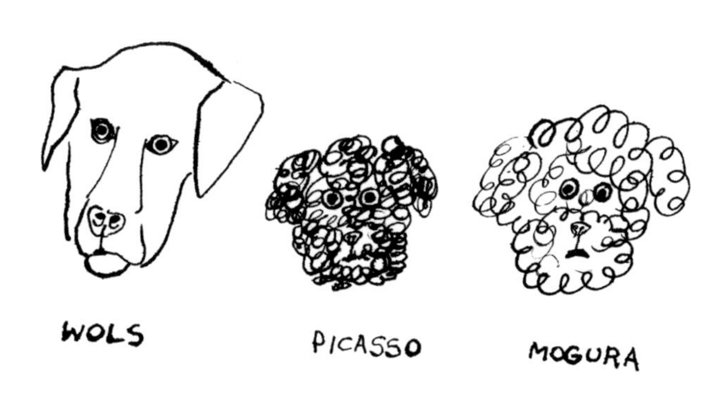
WOLS
PICASSO
MOGURA

桜は咲いているときも胸に迫るものがあるけれど、
風に舞い散るときも、散り果てたときも、
いつどの景色もいいものだなあ。
ヴォルス、こげ茶の体がピンク色のじゅうたんに映えて、
君とってもかわいく見えるよ。

092／365

April

2020年の春は、誰も予測していなかった事態となり、
世界中の人が家に留まり、息を潜めて暮らすこととなりました。
お出かけもできず、友達や仕事仲間と自由に会うことも叶わない
日々。「当たり前の日常」が「当たり前」ではなくなりました。
そんな中、知り合いから「お互いがんばろう」のメッセージとともに
桜やいちごの焼き菓子のお届け物が到着。
本当はみんなでお花見がしたかったなと思いながら、
おいしくてかわいいお菓子に元気をもらいました。

ぽかぽか陽気の春の午後。
お店の2階の窓際に桜の枝を飾りました。
ちょっとくすんだ白の壁にピンクのお花がよく映えます。
思うようにお出かけできないときは、
こうして季節の景色を家のなかに取り込んで、気持ちは空の下へ。

094／365

おはよう。ベッドルームの白い壁にさしこむ朝の柔らかな光。
白い一輪のチューリップ、白いキャンドル、お気に入りの香り……、
すべてが明るく照らされて、澄んだ気持ちになる。
今日も一日、ひとつひとつのことを丁寧にこなしてがんばろう。

095/365

白いキッチンで一際目立つ鮮やかな花は、若い男子からの贈りもの。
娘が小さい頃、どんぐりを拾ったりして一緒に遊んだあの男の子が、私にお花をプレゼントしてくれるなんて！
普段、自分では選ばないような
赤やオレンジのヴィヴィッドなお花たちは、
意外にも私をイメージして作ってもらったんですって。
私ってこんな感じ？　えー、意外！

096/365

April

お菓子作りはほとんどしないのだけれど、これだけは別。
以前、料理家の内田真美さんに教わった特大プリンは、
何度も何度もつくって、いまでは森家定番となりました。
何といってもこのビジュアル。
大皿にどーんとのった姿に幸せを感じます。

097／365

神戸出張のとき、
お客様にいただいた『フロインドリーブ』の山型食パン。
長い道中、大事に抱きかかえて帰ってきました。
さあ、家族みんなでいただきましょう。
どうやって食べようかな。しばらく楽しみな朝が続きそうです。

2日目の食パンでフレンチトーストをこしらえました。
バナナソテーとカルピスバターをトッピング。
そこに、思う存分シロップをかけます。
ガマンは禁物、甘いものは私にとって心の栄養。

変わり種・ハート型のフレンチトーストづくり。
三角形にカットした食パンの真ん中に、
パンの両端を折り込んで、つま楊枝で固定すればハート型に。
普通の爪楊枝があいにく無く、こんな浮かれたやつしかなかった。
焼き上がりが楽しみだな。

100／365

April

娘、リビングで気ままに落書き中。
うちの新作おヒョウのコートを着た女の人ですって。
かごのバッグ、靴は『HUNTER（ハンター）』、手には白のチューリップ。
なかなか洒落てるじゃないですか。

おまたせー。ぷるぷる自家製コーヒーゼリーに、
ミルクをたっぷり注いだ森カフェ特製、コーヒーゼリーアイスラテ。
コーヒーゼリーはストローで吸えるぐらいのゆるさでございます。

102／365

お昼ご飯は、人気レストラン『PATH』で教わった
サルシッチャのクリーム煮。
ブランチタイムで評判のメニューなのだそうだけど、
濃厚でボリューミーだから晩ごはんにもおすすめ。
男子ウケもいい一品です。
ポイントは、合い挽き肉を焼き付けながら、かたまり状にすること。

103／365

自然のリレーは、桜からツツジへとバトンタッチ。
公園や街路樹でよく見かける身近なお花。
おなじみ過ぎて、じっくり楽しむことをあまりしてこなかったけど、
花の密度、色の鮮やかさに目を見張ります。
わんこ達も花の壁に埋もれる勢い。

104／365

ひんやりした雨の朝、目覚ましの一杯を。
熱々のルイボスティーに我が家のわんこ角砂糖をポトリ。
南アフリカ出身のお隣さんにいただいたお茶は
クランウィリアムとサザーランドの赤土の場所で栽培されていて、
それが豊かな香りを作っているんですって。
カフェインレスで夜飲むにもぴったり。

高知から届いたフレッシュなフルーツトマトをたっぷり使って
炊き込みごはんにニラ玉のせ。
トマトを好きなだけ手でむぎゅっと塩もみして鍋に投入。
炊飯の水はトマトから出る水分を見て加減することだけ気を付けて。
トマトの皮をむく手間をかけるかかけないかは、気分次第。
私はいつも皮のまんま。仕上げにオリーブオイル回しがけ。
ちなみに今日は市販の鰹だしで炊いてみました。
鍋のままどーんとテーブルに乗せたら、立派なごちそうです。

昨日のトマトごはんに卵の布団がけでオムライス弁当。
冷蔵庫にある野菜をかき集めて焼き野菜。
かろうじて残っていたソーセージを1本ずつトッピング。
残り物オンパレードな割にどうにかなったかな？

引き続き、高知のピカピカトマトでサラダ。
甘くて旨味が濃いから、味付けはオリーブオイルと塩で十分。
赤い食べものって元気がでるね。
やりたくない新玉ねぎのみじん切りは、娘に任せて。
バジルの葉っぱ効いてます。

108／365

April

自然栽培でお米を作る熊本の『のはら農研塾』から届いた
初ものスイカ、まずは王道、三角に切っていただきまーす。
水をやらず甘やかさず、スイカの持つ力だけで大きくなった
スイカはとにかく甘みも旨みも濃い。
毎年、我が家へはもちろん、友人や実家にも送っています。
そういえばお義母さんが、このスイカの種を庭に植えたら、
小玉スイカができたんですって。我が家の庭もスイカ畑にしたい。

これやってみたかったんだ。
頭の部分をギザギザに切って、スイカのお帽子作ります。
あら、ぼぼちゃんお似合いね。
下の部分は中身をくり抜いてフルーツポンチを作りたいな。

110／365

April

冷蔵庫渋滞中のため朝からスイカの解体ショー。
食べやすくひと口大にカットして密封容器に保存します。
皮はお漬物にできるって聞いたけど、
あーんして待ってるこげ茶の彼がいるから、その必要はありません。

111／365

お散歩コースの景色。ツツジの垣根が満開。
ドピンクでかわいい。
目が覚めるようなピンクのグラデーションは息をのむほどで、
犬たちと立ち止まり、しばし撮影会。

112／365

April

夏に向かって街の色彩も濃く鮮やかになっている初夏の頃、
『クロス&クロス』のウェルカムフラワーもヴィヴィッドな色使いに。
芍薬とザクロの実を大鉢に浮かべてみました。
大輪の芍薬は一輪だけでもすごい存在感。

113／365

朝一番の幸せの図。
隣でむぎゅっと重なる3兄弟。
親分もぐらにくっつくピーちゃんとぽぽちゃん。
大中小のかわいいぬくぬくサンドイッチ。

背の順で整列ー。
窓際に仲良く並んだ大中小。
換気とソーシャルディスタンスはバッチリです。
もぐの後ろ足がスーパーモデル並に細いのは、
靭帯の手術をしたせい。

115/365

新緑がきれいなこの頃、新茶の季節がやってきました。
京都の『椿堂』×『クロス&クロス』の新茶が到着。
春から初夏にかけて、その年に初めて摘まれた一番茶は
今しかいただけない、一期一会の味です。
爽やかな風味、甘みを含んだコク、そしていい香り。
いつか行った新茶摘みの景色を思い出しながら味わいます。

新茶とあんバターサンドでおやつの時間。
丸パンに、いままでで最高の出来の自家製あんこと
バターをはさみました。
パリッと焼いたあつあつパンの中で、じわり溶け出すバターのコク
と、あんこの甘みのコントラストが最高、最強。

春の終わり、庭で競うように咲く花たち。
我が家の庭が一年で一番華やかな時期です。
零れ落ちるように咲く小手毬、愛らしい姿のバラを
キッチンの角にしつらえました。
清らかなお花たちに、キッチンの空気も浄化されるようです。

118/365

キッチンのオープン棚に、庭に咲くクリスマスローズ、シャガ、
スノーフレークをちょこちょこあしらって花遊び。
棚の上でスタンバイ中の器も、草花が添えられることで
ますます生き生きとし出すから不思議です。
順番に器に生けていたら、器の中に娘が隠したどら焼きを発見。
よっぽど食べられたくないんだねー。
食いしん坊はしっかり私に似ました。

119／365

『ハグ オー ワー』のエントランスに咲くジャスミンの花。
毎年このジャスミンを楽しみにして、これをわざわざ見にくる方も。
初夏限定の自由が丘パワースポットです！

120/365

庭の花盛りのジャスミンを少し切り、
キャンドルの空き瓶に入れ寝室にしつらえます。
窓を開けて寝ると、早朝、庭から立ち上るいい香りが
枕元まで届いて優美な目覚めへと導いてくれます。
こんなに香るんだから、フレグランスも作れそう。

庭のジャスミンはいまが見頃。
娘が小さい頃に遊んでいた小屋の屋根も包み込む勢いです。
元々数株しか植えていなかったのに、
どんどん成長して、いまでは庭中に広がったハゴロモジャスミン。
あちこちから甘美な香りが放たれています。

122／365

早起きをしてジャスミン摘みをしました。
日が沈んでから花が咲き、明け方から早朝にかけてが香りのピーク。
この香りを逃すまいと、ジャスミンの時期は早朝に庭に出て、
深く息を吸い込んでうっとりしています。
摘んだジャスミンはキッチンにしつらえ。
大きなガラスの花器にはたっぷりたわわに、
陶の花器にはしだれるように長いまま生け、ツルの動きを堪能。

ジャスミンパトロール。
『ハグ オー ワー』のハゴロモジャスミンも美しさのクライマックス。
街のみなさんにも愛されている自慢のジャスミン。
来年もたくさん咲いてくれるかな？

124／365

May

『ハグ オー ワー』のエントランスで咲き乱れるジャスミンを
イメージしたアクセサリーのワークショップを開きました。
先生はアクセサリーデザイナーのyumiko kawataさん。
スワロフスキーのクリスタルや、デッドストックのビーズを
贅沢に使ったブレスレットを作ります。
最初はおしゃべりをしながら手を動かしていた生徒さんも、
次第に没頭。そうしてできあがったとっておきのブレスレット。
おしゃれの楽しみとなりますように。

塀の隙間から伸びる美しいツル。
庭の隅っこに置いたベンチの背後でも咲きこぼれています。
ここに植えた記憶はないのに、
自然の力ってすごいと感動してしまいます。
花がどんどん増えて、ジャスミン屋敷になってくれたら素敵だな。

満開のアンジェラの木の下で。
半八重のカップ咲きが物凄く可愛くて、
ピンク色がぎゅぎゅっと密集して咲く姿に思わず溜息。
こぼれ落ちている花びらをシャワーに乙女気分全開です！

127／365

一重のバラが咲いた。
花盛りの庭は幸せな香りが漂っています。
手入れは大変というけれど、このコに関しては剪定ぐらい。
ずいぶんと放任で育てているというのに、
毎年きれいに花を咲かせてくれてありがとう。
お次は梅にブルーベリー、あじさい、スノーボール……。
庭の楽しみいろいろ、スタンバイ中です。

128 / 365

いまにも雨がザーッと降り出しそうな朝。
大雨になる前に、庭のバラを救出しました。
お気に入りのゴブレットやビーカーなど、さまざまな器をステージに
少しずつ生けて、かわいいバラのお披露目会。
キッチンの片隅は秘密の花園と化しています。

129／365

見て！ 花びらがハートの形。
フリルがかった花びら、淡いピンクの花色が本当に可憐。
香りよく、蕾の頃から落ちた花びらまでも、
どの瞬間も美しく、見ていて飽きません。
花のかわいらしさが、キッチンでの時間も楽しいものとしてくれます。

庭仕事後の一服。
バラに魅せられ、魔法がかかったように、
つい女子な気分になってしまうのはなぜかしら。
茶葉もかわいらしいローズ和紅茶を淹れ、
ポットの中に広がるバラの花びらを眺めます。
ガラスポットは視覚でもお茶時間を楽しむことができ、
こんな乙女なティータイムにぴったりだなあ。

131／365

May

今日も又一輪、バラが咲いた。
どんな素晴らしいアートも自然が作る草花の美しさには敵わない。
そんなことを思ってしまいます。
なんでもない日を幸せに変えてくれる花の力に、
私の日常は支えられています。

132／365

3匹の中でも特にお日様大好きな番長。
太陽の光も、そよぐ風も心地いいこの頃は、庭で日光浴が日課です。
お洗濯ものを干しながら、気持ちよさそうに眠る姿が見えると
私も嬉しい気分になれるのです。

133／365

私がデザインしている『つやび』の浴衣の受注会の合間、
編集者・山崎陽子さんとアイスクリームデート。
この日、私は藍染めのテッセン柄を、
山崎さんはモノクロの向日葵柄の浴衣を選びました。
着物に魅せられて以来、日常でも着物をお召しという山崎さん。
気負いなくさらっと着物を着こなしていて本当に粋。
モノトーンのモダンな浴衣も自分のものにしていました。

134／365

パセリと新じゃがいもの炊き込みごはんができました。
この時期、特に葉が柔らかく美味しいパセリは、
甘くて香り高い新じゃがと組み合わせて、ごはんに。
ポイントは、これでもかとパセリを入れること。
夏の始まりを楽しむ、爽やかな緑を味わう食卓です。

135／365

お疲れ気味の今朝は、緑のごちそうでベジ注入。
アスパラガス、スナップエンドウ、オクラ、そら豆、
初夏の緑野菜をさっとゆでて、オリーブオイルをひと回し。
ブラックペッパーゴリゴリのモッツァレラチーズと
一緒にいただきます。

136／365

May

お庭に咲いたリョウブとスノーボールでグリーンの花生け。
グリーンは今年のラッキーカラーなんですって。
ピスタチオグリーン、オリーブグリーンやミントグリーン……。
緑の重なりに植物の生命力が感じられて、元気を受け取れます。
と、みずみずしい草花に見入っていたら、
食いしん坊にはスノーボールが巨大パセリに見えてきちゃった……。

137／365

汗ばむ今日のお昼ご飯は、冷やかけすだち蕎麦。
ごく薄切りにしたすだちをのせて、目でも舌でも涼を楽しみます。
すだち好きの私は、さらに搾ったすだちを入れて「追いすだち」。
夫に天ぷらないの？って言われたけれど、
そんなものはありません。
爽やかなすだちの香りを味わってください。

138/365

『クロス&クロス』の抹茶入り玄米茶を淹れてオフィスであんこタイム。
デパ地下でたまたま出合ったシベリア、
はさまれたようかんが、みずみずしくておいしい。
昔懐かし、素朴なお菓子です。
ちなみに、私はあんこからカステラ生地をはがして食べる派です。

皐月のテーブル、緑のごちそうお品書き。

・ブロッコリーのすり流し

・レタスとゆで玉子のサラダ（手作りマヨネーズで）

・鶏肉のソテー

・新じゃがいもとパセリのごはん

お皿はアンティーク、ネイビーのトランスファー柄で

テーブルコーディネートをしてみました。

140／365

May

知り合いの作家さんを訪ねて、久しぶりの益子訪問。
春と秋に開催される陶器市で度々訪れている益子は、
暮らしと民藝が仲良く手をつないでいるものづくりの場所。
来るたびに、素敵な出合いへと導いてくれます。
直接ものに触れ、作家さんと交流できる大切な時間。
実際に足を運んだからこそ築ける関係や
満足感があると信じています。

141/365

May

友だちの愛犬・パニック参上！
飼い主さんお出かけ中のため、ひと晩我が家でお泊まりです。
このなかでパニックは唯一の女の子。
体の大きさはこんなにも違うけれど、
ヴォルスとラブラブ、相思相愛な関係なのです。

142／365

May

目が覚めたら、ベッドの上「森ヴォルスモテモテの図」。
「ねえ、ぼぼちゃん、私とピカソとどっちを選ぶの？」
そんなことを言いたげなパニック。
かーちゃんとしてはちょっと複雑な心境です。

お店の裏庭に咲くジューンベリーの小枝を剪定。
我が家に連れて帰ってキッチンの片隅に飾ります。
小さな実、緑のまん丸な葉っぱはかわいく、
みなぎる赤のパワーでキッチンが活気づいたよう。

144／365

ジューンベリーを眺めていたら、
なんだかすじこのおにぎりが食べたくなりました。
母がよく作ってくれた秋田の味です。
食べたいとなったら、是が非でも。
すじこを買っておむすびを握りました。
見よ！ジューンベリーとすじこのコラボレーション。

145／365

本日の森食堂、朝の定食お品書き。
・菜飯おむすびといぶりがっこ
・じゅんさいの味噌汁
・わらび、しょうが、マヨネーズ、出汁醤油添え
ひとり静かに故郷・秋田の美味を堪能しています。

146/365

お久しぶりの『マサコ ヤスアガリ』です。
今月のパルフェは「ZEN 禅」。
『ハーゲンダッツ』のバニラとロイヤルジャスミンティーアイスに、
コンビニのきなこプリン、自家製あんこwith白玉きなこ黒蜜がけ。
トッピングはお砂糖をまぶした揚げ食パン（←お替り自由）。
今日も安上がり。味は素敵パティスリーに勝るとも劣らない、はず！

May

朝からピーカン。庭仕事の後は新茶を水出しにして一服。
香りが濃いから冷たくしても豊かな風味。
キリッと冷やして、辻 和美さんの涼し気なグラスでいただきます。

148／365

5月もそろそろ終わり。
庭のあじさいが色づいてきましたよ。
うっそうと茂り出した葉に誘われて、蚊もちらほらと……。
大好きなあじさいの季節は、大嫌いな蚊の季節の始まり。
朝からバンバン蚊取り線香を焚いています。
しかし、3人家族のうち、どうして私だけが刺されるのかしら？

149／365

May

椅子の背もたれにちょうどいい穴がありますね。
まさに君のための穴のようではないですか。
でも、どんなに頑張ってもごちそうには届かないようです。

150／365

仕事の一段落がついて、お楽しみのケーキで一服です。
おなじみ『調理室池田』の期間限定ホールサイズのウィークエンド。
あらやだ。大きな正方形だったはずのケーキが残りあと一切れ。
夜な夜な、みんながこっそり薄ーくカットして食べてるの知ってるぞ！

151／365

我が夫・森敦彦「あつ森生誕祭」。
今年で48歳になりました！
私がピンチのとき、いろいろ相談しても答えはいつも同じ。
「まあ、ええんちゃう？」
たまに言葉を失ってしまうけれど、
一緒にいるだけで大きな支えとなっているのです。

すごく頑張っていることは、お互いが一番実感。
20代のサッカー選手時代からいまに至るまで山あり谷あり。
ずっと努力し、こだわり続けていることは尊敬しています。
私が何をやろうと干渉せず、
実は応援してくれていると思っています。
いつまでも人生たのしく、健康第一で長生きしてください。

Summer

The cheerful colours of vegetables and sunflowers
give me a power to survive a hot summer.

ピンク色したスモークツリーをわっさりしつらえました。
このもふもふした優しい感じが好きで、
いつか我が家の庭に植えてみたい木No.1。
飾った絵は昔フランスのブロカントから持ち帰ったもの。
傍らにはいただきものの桃を置き、
絵の世界と実世界をリンクさせ、ひとり悦に入る昼下がり。

153／365

芍薬と桃、並んだふたつのピンクの艶やかさに
思わずうっとり。
「立てば芍薬……」と美人の代名詞ともなるほどの芍薬は
豪華でエレガント、バラより存在感がある花で、
部屋全体の空気までも明るく華やかにしてくれます。

154／365

我が家の庭にアナベルを植えてかれこれ５年ほど。
小花が密集した感じがかわいらしく、
あじさいの中でも一番といってもいいほど好きな品種。
小さな株を少し植えただけなのに、年を重ねるごとに株は増え、
花のかたまりは大きくなり、いまでは番長の顔ほどの大きさに。
咲き始めはライムグリーン色、こんもり満開の頃には真っ白に。
そして、またちょっとくすんだグリーンへと戻り、
色の変化で楽しませてくれるのです。

155／365

アナベル絶賛満開中の我が家の庭。
たっぷりある中から特にかわいいコを選んでカット。
外の景色を家の中にも取り込むように、
本棚の白い花器コレクションの中にしつらえて。
手毬状に咲いた花は楚々としてかわいらしく、
梅雨の憂鬱さを払うような清涼感と優雅さです。

誰よりも早起きをして庭時間を楽しむ今日この頃。
いまが盛りの花たちを切って、朝採りアナベルをせっせと下処理。
不要な葉は取り、茎の先を斜めにカットして水の吸い上げをよくします。
地植えならではの自然な花つき、枝ぶりもまた良し。

157／365

庭で採れたアナベルをさまざまなガラスの花器に生けてみる。
どれも特別高価なものではないけれど、
優美な曲線、面白いフォルムが気に入り少しずつ集めたもの。
さまざまな高さ、ボリュームとなり、
同じアナベルが並んでいても、リズミカルなしつらいに。

お久しぶりの「アナ雪」ことアナベルの雪山へ。
『東京サマーランド』のあじさい園は、品種も株数も国内有数。
純白のアナベルが斜面一面に咲き、それがまるで雪山のよう。
初夏を凛と彩る真っ白な世界は、長年私を魅了し続け、
満開の見頃にここを訪ねるのが大切なイベントとなっています。
都会の喧騒からしばし離れ、心に栄養をたっぷりいただきました。

159／365

June

今日の収穫、大きな青梅２つ。
我が家の梅の木、香りのいい梅が今年も順調に実っています。
そろそろ梅仕事の時期。
もっとたくさん集まったら、梅シロップを仕込もう。

初夏の恵み、庭の一本の梅の木から青梅を収穫。
ぷくっとふくれ蜜がにじみ出た青梅、ちょうど1kgとれました。
八百屋さんで見かけるものと遜色のない出来栄えです。
きれいに洗って乾かします。

いよいよ梅仕事。毎年恒例のシロップ作り。
まずは竹串でへた取り。こういう単純作業は嫌いじゃないな。
あとは、梅と同量の氷砂糖と交互に保存瓶に詰めていくだけ。
お砂糖をきび砂糖にしたり、黒糖にしたり、
少しずつ変わる風味を楽しむ。
おいしさは時間が育ててくれます。

162／365

八重咲きあじさいとデンファレのミニブーケ。
うっすらグリーンからピンクへと移ろう色の重なりが本当に愛らしい。
ワンピースのプラム色との合わせがかわいくて、思わず記念撮影。

163／365

June

我が庭では、白のアナベルが満開を迎える頃、
少し遅れてピンク色のアナベルが咲き始めます。
白に比べて成長がゆっくりなピンクアナベルですが、
それでも去年よりは確実に大きくなっています。
フレッシュな頃のピンクも素敵ですが、
スモーキーなピンクに変化したドライの頃もかわいいのです。

6月のお店のディスプレイは、天井からもっふもふのスモークツリー。
大迫力のしつらいは『OEUVRE（ウヴル）』の田口一征さんによるもの。
お店にいながらにして森林浴！
マイナスイオンもたっぷりな感じで癒されます。

165／365

June

6月のミニブーケはあじさい、スモークツリー、
ブラックベリーの涼し気なアレンジ。
このまま吊るして、ドライにしてもかわいいな。

梅雨の晴れ間！久しぶりにお日様が顔を出しました。
庭のあじさいたちも一心に太陽の光を吸収しているように見えます。
ひと雨ごとに色が変わり、“七変化”と呼ばれるあじさい。
梅雨半ばの今日はきれいな紫のグラデーションとなっていました。

167／365

June

藍の色がきれいな小皿を並べてみる。
骨董市で見つけたあじさい柄の印判皿はこの時期にフル稼働。
鳥獣戯画の小皿は、京都の職人さんに作ってもらった
『クロス&クロス』のオリジナル。
白が中心の食卓で藍色は落ち着いたアクセントに。
和菓子をのせたり取り皿にしたり、何かと頼りになります。

168／365

June

6月も後半になり、あじさいの楽しみも終盤戦。
自由に曲がる枝の動きは生かし、
大きなあじさいは花器の縁に花がかかるようこんもりとしつらえる。
ひと雨ごとに色が変化して、もとは同じ品種なのに
とっても神秘的な色のグラデーションが生まれました。
我が家の庭に咲くあじさいたち。最後の晴れ舞台です。

169／365

小さいコたちはお皿がステージに。
とっておきのアンティークの器で多彩な青色を楽しみます。
一説によると、青い花が集まって咲く様子を「集真藍（あづさあい）」と
表現したことからあじさいと呼ばれるようになったとか？
深い青、淡い青、濃淡のある青……。
気分の沈みがちな梅雨時を前向きな気持ちへと導いてくれるのです。

170／365

June

知人宅の庭に咲くあじさいをいただきました。
うちの庭にはないピンク、パープルの乙女系カラー。
土の質で色が変わる魔法の花。

171／365

梅雨らしいお天気続き。
お店の前に咲く八重咲きのあじさいがあまりにもきれいで、
花を水盤に浮かべて、お客様をお出迎え。
鮮やかな色彩、かわいいガク、自然がつくるアート。
長年の洋服作りのなかで、
生地やカラーチップなどたくさん見てきたけれど、
こんなに美しいグラデーションには息をのんでしまいます。

日差しが気になる季節となりました。
特別な日焼け対策はしていないけれど、
犬の散歩や自転車(まさき号)通勤には、ツバ広帽子は必需品です。
今日はオリジナルのフォークロアワンピースに
ピアスは『accessories mau』。
早速、自転車をかっとばしていってきます！

173／365

ブルーベリーケーキが焼けました。
庭で収穫したブルーベリーと
ブルーベリージャムとクリームチーズを入れてパウンドケーキに。
十八番のバナナケーキのレシピをベースに分量はかなり適当。
さあ、紅茶を淹れますか。

174/365

旧暦の七十二候では、梅子黄（うめのみきばむ）の頃。
和歌山県・日高川町の『藏光農園』さんから紀州南高梅の青梅が届きました。
果肉が柔らかく熟した梅はすぐにシロップに仕込もう。
キッチンに甘酸っぱい香りが漂います。

175／365

ふくよかな色と香りに包まれる幸せな時間。
新生姜とレモンの梅シロップ作り。
準備するのは、ヘタをとった青梅と氷砂糖それぞれ1kg、
皮をむいて輪切りにしたレモン2個分と、薄切り新生姜1片分。
消毒した保存瓶に梅、レモン、新生姜、氷砂糖の順に
2回に分けて入れるだけ。
こんなに熟しているから、仕上がりは早そう。

176／365

我が家の夏の常備品、これさえあればおうちカフェになる
『garage coffee company』と
『カフェ・ヴィヴモン・ディモンシュ』のカフェオレベース。
左が無糖の『garage coffee company』。
先にミルクを入れて、氷の上からゆっくりベースを注ぐと
二層になります。
右が『ディモンシュ』でこちらは加糖。
ムトーさんとカトーさん、あなたはどちらがお好み？

177／365

June

雨上がりの朝、朝活で走り回ってびしょ濡れになったピーちゃん。
キッチンで入浴タイムです。
お利口さんでシンクにすっぽり、洗われます。
さっぱり気持ちよくなったね。
すべての犬がこちらにはまるととっても楽なんですけれどね……。

178／365

June

今日の主役はセンターピカソ。
ちっちゃいけれど、三兄弟の中でなぜか一番体力があります。
ごはんに興味がなく、食べるのが超遅くて、
いつも、みんなに横取りされてしまう。
そんなこんなでなかなか大きくなれないまま11歳になりました。
これまで怪我も病気もせず、おかげさまで本当に手のかからないコ。
これからも健康で、いつまでも3匹仲良く楽しく暮らしましょうね。
誕生日おめでとうー！

179／365

June

誕生日を祝して、今日のお昼はピカソ弁当。
ベースは海苔で、ふわふわお耳はデラウェアで遊んでみました。
ちっちゃい兄貴に敬意を払って犬係(ゆらら)がいただきます。

180／365

どんより雨の日の朝、季節限定の素敵便が到着！
九州・大分の『大神ファーム』の摘みたてフレッシュラベンダー。
箱を開ける前からラベンダーの清々しい香りが玄関に漂います。
鮮やかな紫色は摘みたてならではの、感動の香りです！

181／365

June

フレッシュラベンダーは、ベッドルームに贅沢にたっぷり飾ります。
ラベンダーの香りで包まれた寝室は最高のリラックス空間。
昨晩も甘い香りを吸い込みながら深い眠りにつけました。
ラベンダーといえば、昔よく訪れた南仏のラベンダー畑を思い出す。
ラベンダー畑に囲まれた最高のシャンブルドット、
いつかまた行きたいな。

不定期で行っている『OEUVRE(ウヴル)』の出張生花店が
お店に夏の太陽を連れてきてくれました！
はっきり鮮やかな黄色にむくむくと元気が湧いてきます。
春はピンク、初夏はブルー、真夏のイエロー……。
季節が進むごとに、シンボルカラーも変化していく。

183／365

July

留守番組の父子へ久しぶりの置き弁。
チーズハンバーグ、うずらの目玉焼き、野菜のグリル
（いんげん、ししとう、とうもろこし、マッシュルーム、パプリカ）。
カラフル夏野菜のおかげで、簡単なのに「映える」お弁当に。
撮影用に買った房なりのマイクロトマトもいい仕事しています。

スパイスコーディネーター・小野絵里奈さんのワークショップ。
料理を教わりながら、スパイスのもつ力や働きについてお勉強。
たとえばカルダモンは脳を活性化したり、クミンは消化促進、
ターメリックは抗酸化作用が高いんですって。
テーブルコーディネートは、会心の出来（自画自賛）。
ギリギリ当日の今朝になって、やっと神様が降りてきて
「アジアではなくおフランスで」と案を授けてくれました。
南仏デュルフィ窯のアンティークプレートと花柄クロスで。

185／365

July

ドライパイナップルのお花でおめかしをしたキャロットケーキ、
かわいい姿にひかれて、思わずホールで大人買い。
あのにんじんがスパイスやナッツ、ドライフルーツと出合い、
こんなに奥行きのあるお菓子になるなんて。
クリームチーズとバター、お砂糖を合わせた
チーズフロスティングが口溶けよく、
ついついたくさんいただいてしまいます。

リビングに笹の葉を飾って七夕のしつらいを。
その辺にあった白い紙で急遽、七夕飾りの提灯を作り、
短冊を吊るしたら一気にそれらしく。
お願いしたいことはたくさんあるけれど、とにかく
「犬たちが病気やケガをせず、健康で長生きできますように」。
「災害や悲しい出来事がなくなり、
みんなが平穏に暮らせますように」。

187／365

家族そろって大皿ランチ。
お赤飯を炊いておむすびに。
お稲荷さんには星形に抜いた玉子を飾って七夕を意識。
あとは唐揚げと、かぼちゃとなすの天ぷら、玉子焼きと……、
結果いつも、小学生の運動会弁当みたいな献立になってしまう。
テーブルの下ではじっと天を仰ぐ腹へり三兄弟。
きみたちの願い事は叶いそうですか？

夏の味覚いっぱい七夕ランチの献立。

・そうめんと野菜の煮浸し

・鶏の唐揚げ（アゲイン）

・とうもろこしごはんでにんにく味噌の焼きおむすび

抹茶の緑、柚子の黄色で色づいた３色そうめんの盛り付けは、

天の川のイメージに！?

今から25年前、平成7年7月7日に入籍した私たち。
結婚式も結婚指輪もないまま、気づけば四半世紀。
楽しいときも大変なときも共に過ごし、
言葉は少ないけれど、随分支えてもらいました。
色々あった25年、こうして自由に好きな事ができるのも
「あつ森」だからだ、と自分にいい聞かせて……。
同じく銀婚式を迎えた友からまさかのサプライズでケーキが届く。
フルーツいっぱいのタルトでお祝い。心温まる日。

文月の「暦ごはん」。先生はおなじみ料理家のスズキエミ先生。
これ、豆腐を使ったカルボナーラ。
にんにく、絹豆腐、パルメザンチーズをすり鉢で合わせたソースを
冷たいカッペリーニの上にかけて、
仕上げに卵黄とこしょうゴリゴリ。
最後までするするいただけるエミさんの「にっぽんのパスタ」です。
花岡隆さんの楕円皿との相性もばっちり。

191／365

レモンと生姜のハチミツ漬けをソーダで割って、ジンジャーエールに。
ささっているのは、ニラじゃないよ、レモングラス。
ステム付きグラスは、ガラス作家稲葉知子さん作。
一つ一つ手吹きで作り出されたガラスは
独特なゆらぎが味わい深く、
ふくよかなフォルムはどこか色気があり、なんとも言えない魅力が。

ご縁あって、数年前から着物ブランド『つやび』の
デザインをしています。
モチーフの多彩さや豊かな色彩を改めて知れ、新たな発見に。
高度な染色技法、職人の矜持に触れ、大きな学びとなりました。
もっと身近に着物を楽しんでいただきたいという願いを込めて、
伝統を生かしながらも、私らしい遊び心を取り入れて作っています。
この日着たのは、麻素材の古典柄の笹の葉。
涼しげで、すっきり上品。女性を粋に見せてくれます。

193／365

枝豆がたくさんあったので、以前教わったずんだ餅をこしらえる。
宮城県の郷土料理ですが、私の故郷・秋田でもポピュラーな味。
薄皮をむいた枝豆をすり鉢で滑らかになるまであたって、
白玉団子にたっぷりと。
豆の青い香りがふわっとする、夏ならではの甘味。

毎年恒例、いらっしゃいませー。夏のてぬぐい展はじまりました。
『かまわぬ』のてぬぐいをずらっと並べてにぎにぎしくお出迎え。
涼し気な図案、夏のお楽しみを表した柄、
森家わんこのあんな姿やこんな顔が、バラエティ豊かに揃います。
汗を拭いたり、顔を洗ったりが増える夏は、
がぜん活躍度が増す働きものです。

195／365

日本の伝統柄をはじめ、春には桜、梅雨にはあじさい、
秋には落ち葉と、季節感や年中行事が表現されたてぬぐいは、
季節の移り変わりを楽しみ、
暮らしに手軽に取り入れることができる道具。
実際の世界では私がなかなか体験しがたいイベントも、
てぬぐいの世界では楽しく参加できるのです。

てぬぐいあそび。
拭うための道具として古くから日本人に親しまれたてぬぐい。
拭く、敷く、包む、被る、飾るなど、あれこれ万能なアイテム。
知恵を絞れば、もっと多彩な使い方や活用法もある。
三匹の夏祭りのてぬぐいを使って、エコバッグを作ってみました。
手洗いできてすぐ乾く。エコバッグにはおあつらえ向き。

197／365

July

朝からピーカン！夏も序盤だというのに、気温は34℃超え。
さあ、ぼぼちゃん。てぬぐいは濡らして首に巻き、
早めにお散歩に出かけましょう。
おかあさんはてぬぐいに保冷剤も仕込んで、暑さ対策。
お互い水分補給をマメにして、今日も一日頑張ろう。

久しぶりに遠出をしてわんこたちと海へとやってきました！
都会暮らしの犬たちにとって、
思う存分あちこちを駆け回れることが一番のご褒美。
波打ち際を元気に走って飛んで本当に楽しそう。
はしゃぐ3兄弟を見て「来てよかった」と思う束の間の夏休みでした。

199／365

もしもーし、みんな元気ですか？
昨日、海から帰ってきたのは夜も深まった頃。
いつも元気いっぱいのわんこたちもさすがにお疲れの様子。
日がな1日、ソファでぐうぐう。
今日はゆっくり寝てなさい、おかあさんはお仕事行ってきますね。

200／365

高知の季節の野菜セットのお取り寄せが届きました！
今年は長雨で、野菜の生育が大変だったと思うけれど
ハーブもたんまり、真っ赤なトマトやおっきな生姜、
搾りたての小夏ジュースまで。
フレッシュな香りがテーブルの周りに広がって清々しい！
さて何を作ろうかな？

201/365

昨日届いた生姜を使って、とりあえずの3分クッキング。
レモンと生姜のスライスをハチミツに漬けるだけ。
レモンもたまたま高知産、ハチミツは秋田の実家から届いたもの。
漬けた瓶はガラス作家・蠣崎（かきざき）マコトさん作。
美しい道具が簡単シロップを引き立ててくれます。

朝から気温上昇、太陽で溶けてしまいそうなこんな日は？
冷たいうどんで昼ご飯。
高知のモロヘイヤを細かく刻み、
麺に絡めてじゅるるっと流し込みます。
トマトもとうもろこしも入れて夏全開。
夏色のうどんに沖縄のやちむんはよくお似合いです。

丸ごとスイカでやってみたかったフルーツポンチパーティー！
スイカの頭をギザギザに切ったら、
くるっと中をくり抜いて、一口スイカやキウイ、
さくらんぼ、そしてミントをトッピング。
かわいく仕立てて、いつものスイカもおいしさ３割増し。
このままで十分おいしいから、炭酸水は入れないでおくね。

204／365

July

見上げる空は深緑の天幕、目の前はどこまでもつづく深緑の小径。
足元は苔むした深緑の絨毯、
長い年月をかけて自然が作る美しい森。
どんなに美しい宝石も自然が作り出す造形にはかなわない。
少し詩人気取りな私は、
ただいま友だちと青森・奥入瀬に来ています。
スーハー、スーハー深呼吸。

205／365

大暑。真っ青な空にはもくもく入道雲が広がり、
夏らしいダイナミックな景色に私の気持ちも爽快に。
『クロス&クロス』では、
ガラス作家・稲葉知子さんの展示が始まりました。
涼を感じるガラスの食卓、器コーディネート。
少しゆらぎのあるガラスの表面は一つ一つ表情が異なり、
手吹きならではの温かみ、親しみやすさを感じます。

早起きをして川崎にある中央卸売市場北部市場へ。
お目当ては私の楽園“パラダイスIKEDA”（『調理室池田』）。
お茶を楽しんだ後の食堂2階が実はとってても危険な場所。
アンティーク好きにはたまらない、店主厳選のフランスの
アンティークが並ぶ宝の山が、私の煩悩をぐいぐい攻めてくる。
悩みに悩んで、今日はキュノワールとナイフを連れて帰ることに。

おもてなしの席にもってこいのホームメイドティラミス。
オーブンもコンロも使わない簡単レシピなのに、
テーブルでのウケはいい。
「食後に甘いものがほしい」というときに頼れる
大人味のデザートです。

疲れた胃にきく桃とオカヒジキのごほうびスムージー。
美肌効果や冷え性緩和の効果が期待できる桃と、
ミネラルやカロテンたっぷりで、
クセなく飲みやすいオカヒジキのヘルシーブレンド。
グリーンスムージーオフィシャルインストラクター・小野絵里奈さんの
魔法の配合に癒される夏の午後。

209／365

July

女友だち3人で、弾丸福岡旅。
ホテルの人に「近くにコーヒー飲める店ありますか?」
と尋ねたら、東京にもあるチェーン店をすすめられて苦笑。
そして、自力で探したイカした喫茶店『COFFEE HOUSE 5YEN』。
なんでも、かつて元ゴルバチョフ大統領も訪れたことがあるとか。
久々の仕事抜きな旅に浮かれて、思わずピースで記念写真。

福岡旅の目的、糸島上陸。
『クロス&クロス』でもお世話になっている『アダンソニア』へ。
糸島の豊かな自然の恵みをギューッと凝縮して、
丁寧に手をかけ調理をして、高みへと引き上げている料理の数々。
震えるほど美味しくてきれいだった、本当に。

海の向こうにゆっくり沈む夕日は、
神様からの贈りものみたいにきれいで、ありがたくて、
手のひらの上で転がして、たっぷり幸せを味わいました。
女子旅、楽しかったな。年甲斐もなくはしゃいでしまった。
あー糸島、またゆっくり来たい。

夏かごコレクションwithもぐピー。
かごバッグを見つけると、隙あらば中に入るもぐらとピカソ。
どうやら、どこかに連れ出してもらえると思ってるみたい。
といっても、2匹の期待とはうらはらに、
たいていの行き先は病院か私のお店なんですけど。
今日のお出かけもお店でした。ごめんちゃい。

カンパーニュのオープンサンドできました。
とうもろこしにマヨネーズをかけてブラックペッパーごりごり。
たっぷりしらすに枝豆をトッピング。
アクセントにパルメザンチーズをまぶします。
もふもふ番長の見張り付きです。

ショップで「妄想カフェ」のイベントを画策中。
「いつかカフェを開きたい」という私の長年の願望を
数日限定の妄想カフェにしてみました。
ウェルカムドリンクは『カフェ ロッタ』の桜井かおりさんに依頼。
今日はその試飲会。自家製ハニージンジャーのソーダ割です。
キャラウェイシードのつぶつぶ食感や、
刻んだ生姜の風味をスプーンですくいながら楽しみます。
これはおいしい!!

215/365

夏の花あそび。ひまわりとアンティークのカフェオレボウル。
八重咲のひまわりは「ゴッホのひまわり」という名前。
このほかにもモネ、ゴーギャンと、
画家の名前のついたひまわりはいろいろあるみたい。
我が家の画家の絵と、
手前には小さな子供の折り紙アートを飾って
安上がりのキッチンギャラリーを開催中です。

お茶の時間に娘にコーヒーを淹れてもらう。
私のコーヒーデビューは40過ぎで、今でもまだまだ新人。
悔しいけれどコーヒーを淹れるのは娘の方がよっぽど上手。
彼女が淹れるコーヒーはアメリカン。
私はいつも「あつあつを！」とオーダーします。
腰に手を当て、コーヒーを淹れる姿、なかなか様になってるね。

217/365

森ヴォルスの夏休み。
ハワイ！ではなくて、撮影で連れて行ってもらった湖。
ぼぼちゃんの初「犬かき」を見られて感動する私と娘。
小さい頃はお風呂も嫌、海に行っても波が怖くて逃げていたのに、
あなた、やればできるじゃない！
私も一緒に泳ぎたーい。

218／365

秋田の母と電話で長話。話題になった中尊寺の蓮の池。
日の出と共にゆっくり咲き始め、お昼には萎んでしまう朝限定の花。
朝の澄んだ光の中で見た蓮の花は清らかで、
仏さまがこの花の上に座っていたと言われている話を
思い出しながら、神聖な気持ちになったのでした。

219／365

August

瀬戸内海で、ご夫婦で農家を営む『のむら農園』から野菜が届きました。すべての野菜は、農薬や化成肥料は不使用。
手強い自然相手に、苦労して育てあげた野菜たち。
こうして自然のサイクルにあわせた旬の野菜を口にできることは、ありがたく贅沢なこと。
色鮮やかなミニトマトやサンマルツァーノ、
紫とうがらしや、はじめましてのシカク豆や花オクラなどなど。
感謝を込めておいしくいただきます。

昨日のピカピカ野菜便、まずは簡単レシピから着手。
ミニトマトのシャーベット。
湯むきしたミニトマトにきび砂糖をまぶし、レモン汁をふりかけて
常温でしばらく置きます。砂糖が溶けたら冷凍庫で凍らせるだけ。
シンプルで本当においしい。

221／365

『アダンソニア』のさくらんぼの焼き菓子でコーヒータイム。
真っ白なアイシングがかかって、
アメリカンチェリーと銀のアラザンの飾り付き。
素朴なかわいさを生かし、木のオクトゴナルに盛ってみました。
娘不在のため、今日のコーヒーは私の担当。どうでしょ……。

222／365

「森食堂」おでんはじめました。
暑さの盛り、来たる秋に想いを馳せながら……。
一晩置いておだしがしみしみ。
昨晩はアツアツで、今日は冷やしていただきます。
トマトを入れると、夏向きさわやかな見た目と風味に。
多めに作ったおつゆはタッパーに入れて、
好きなゆで野菜を浸しておくと、おいしい副菜ができますよ。

223／365

「森食堂」本日の昼献立は、マグロねばねばぶっかけそうめん。
このマグロは、仲良しの釣り人ならぬ編集者・通称「こば編」が
海で釣り上げてきたもの。
おしょうゆとみりんで「漬け」にして贅沢におそうめんにトッピング。
そのほか、なす、納豆、アボカド、さっとゆでた花オクラものせて。
ねばねば、トロリ、最高に豪華なおそうめんとなりました。

「こば編マグロ」で、自家製ツナを作りました。
『調理室池田』で習った簡単なのに最高においしいレシピです。
鍋ににんにくのスライス、ローリエ、フェンネルシードなど
ハーブやスパイスなんでも敷いて、マグロの切り落としを入れます。
あとはオリーブオイルをひたひたになるまで入れて、
超低温60～80℃で静かに15分ぐらい煮るだけ。
ポイントは、この超低温ということだけ。
これをいただくと、普通のツナ缶が食べられなくなるほど美味！

225／365

妄想、夢想の「森カフェ」オープン。
カフェをやるならプリンは絶対メニューに入れたいという願望あり。
そこで、『カフェ ロッタ』の桜井かおりさんが
私の理想のプリンを作ってくれました。
カラメルソースはほろ苦く、
かための生地には隠し味を忍ばせた企業秘密の絶品プリン。
限定数名のお客様だけが来店できる特別な企画です。

226/365

プリンもスペシャルだけど、器も夢の共演です。
『SOUVENIR（スーブニール） de（ド） PARIS（パリ）』セレクトの
アンティークトランスファー柄をプレートにして、
プリンは宮田竜司さんのコンポートに盛り付け。
ティースプーンも鈍く光るアンティーク。
私が考える最高のコラボプリンプレート、
生クリームとアメリカンチェリーをのせてどうぞ召し上がれ。

妄想の翼はどこまでも……。
「カフェのスタッフがこんなの着てたらかわいいよね」って
オリジナルのTシャツを作ってしまいました。
コーヒー色、ミルクティー色などおいしそうなカラーをセレクト。
ロゴのフォントは、昔々ロンドンのアンティークマーケットで出合った
紅茶缶に書かれていたTEAのマークにインスピレーションを得て。

228／365

「妄想カフェ」Tシャツを着たスタッフ三人娘。
こちらはすっきりしたフォントでスマートに。
ヴィンテージの風合いを生むために表面にブリーチをかけて、
こなれた感じを出すようにしました。
長めの裾はおしりが隠れて嬉しい。
ボトムにインにしてもアウトにしてもバッチリ決まります。
顔まわりをすっきりみせるようにきれいなVネックあき。

35°の猛暑。体も脳みそも溶けてしまいそう……。
暑さにたまらず、森家プール開き。
おっかなびっくり、足の先っちょだけ水に浸かったもぐら番長。
羊かよ。

230／365

夏のお楽しみ、プールに続いてかき氷。
車を飛ばして友人と横須賀の『monstyle（モンスティル）』へ。
抹茶小豆、白桃、巨峰、苺……。
フルーツの味を凝縮した自家製ソースはどれも本当においしい。
私的No.1はマンゴーヨーグルト。
ちなみに練乳はこだわりの自家製。残念ながら今日は売り切れ。
かき氷は寒くなったらおしまいだけど、
しっかりかためのプリンも絶品ですよ、奥様！

231／365

愛知県知多半島にある『マルヒラフルーツファーム』の
とってもフレッシュないちじくをいただきました。
白いちじくバナーネと赤いちじくサマーレッド。
フレッシュだから加工するのはもったいない。
まずはそのままでいただき、そしてヨーグルトにドッボン。
夜はチーズと一緒にいただこうかな。

232／365

本日は不定期「パーラー森」のオープンデイ。
メニューは白いちじくバナーネとバナナのフルーツサンドです。
クリームは水切りヨーグルトを使ったさっぱり味。
生クリームとグラニュー糖を少々、
キルシュがなくて替わりにグランマルニエ少々で風味付け。
そのほか当店のこだわりは『panya 芦屋』のプレミアム食パン。
しっとり柔らかな食感で、フルーツとクリームと一体化。
プレミアムなフルーツサンドとなるのです。

233／365

待ちに待った夏休み。飛行機と電車を乗り継ぎ、
久しぶりに故郷の秋田へ。ただいま、横手！
地元のクラフトフェアで買ったという個性的なかごがお出迎え。
かごの中には、両親が毎朝の山散歩で拾ってきた
いろいろな実がごろごろ。
東京より季節が進んでいる秋田。
帰省の度「次はこんなディスプレイもいいな」と参考になります。

土間にずらりと並んだかご。丸いの四角いの形も素材もさまざま。
このかごを使って、母が花を生けたり、ものをしまったり。
若い頃から私がかご好きなのも、母の影響なんだと、
我が家に負けず劣らずたくさん並ぶかごを見て改めて思いました。

235／365

森家の長男・もぐら生誕記念日の朝は、
遠く秋田より特製・番長納豆どんぶりでお祝い。
リボンはいぶりがっこときゅうりの漬物、舌は梅干しで。
ちなみに盆は角館の手工芸品。桜の皮が亀甲柄に
なっているという珍しいもので、帰省の度「いいな」と思う名品。
いつかは東京に連れて帰りたいと狙っております。

236／365

朝から元気に丼を平らげ、「まんずうめどー」と父・すすむ。
70代には見えない！とよく言っていただく、肌つやの良さ。
朝の4時半に起き、夜の8時台には寝てしまう健康人です。
好きなことをやっているのも元気の秘訣なのかな。

237/365

自分のアトリエでささっと絵を描く父。
母が煮たいちじくの甘露煮のパッケージに使う絵だそうです。
父はお店の看板やサイン、オブジェなどを作る仕事をしてきました。
近くの山に出かけてはスケッチをしたり、
アトリエで仏像を彫ったり、
絶えず手と頭を動かし、いまでも物作りを続けています。

今日のおめざ。
ヨーグルトに母のいちじくの甘露煮とシロップを入れて。
晩夏の定番、大好きな母の味。
母は休みの日でも一日中台所に立ち、まめまめしくよく働く人。
今回の長い帰省で改めて実感しました。
私の台所好きの原点はここにあり!?
作って食べる専門ですけどね。

お墓参りを済ませてからの遅めの朝ごはんは、
すじこのおむすびと、きのこと豆腐とみょうがたっぷりの味噌汁。
庭に生えている葉を摘み、さっとおむすびの下に敷いて出す母。
何かにつけて葉っぱを盛り付けに使う私のくせは母譲り。

横手は日本一の麹の町。
昔は集落に1軒は麹屋があったといわれていて、
いまでもその名残はあります。
廃業した酒蔵をリノベーションして、麹を使ったお料理を提案する
『旬菜みそ茶屋くらを』でお昼ごはん。
「まずは」といただいた甘酒のおいしかったこと！
昔から「飲む点滴」というだけあって、
一口飲む度元気がみなぎります。
夏は冷やして、冬は熱々ホットで。

241/365

ただいま東京。みんな元気だったかな？
「お留守番のみんなに」と、じいじとばあばから、
自家製いちじくの甘露煮をいただきましたよ。
キャップの包装はじいじが描いたいちじくのキャラクター。
すすむさん、マスコットでも作りそうな勢いです。

242／365

森家の番長もぐらの誕生日を祝って、広い原っぱに行きました。
今年に入って3回もの大きな手術に耐えたもぐら。
胆嚢脾臓摘出に加え、両脚の靭帯が順番に切れるアクシデント。
考えただけでも泣ける長い入院生活を乗り越え、ようやく完治。
本当に強いコ！ 怖くてボール遊びは控えていたけど今日は特別。
芝生の上で、みんなで楽しそうに走ってる！
まだまだ心配はいろいろあるけれど、
これだけでかーちゃんは幸せです。

終わりゆく夏を惜しんで、最後の思い出づくり。
『つやび』の浴衣を着て、スタッフとかき氷を食べにご近所へ。
「浴衣や着物を買っても着る機会がない」という声を耳にしますが、
自分で楽しむ日を作ればいいじゃないかと最近は思っています。
ひとりだと躊躇してしまう和装も、仲間と約束してイベントにすれば、
いつもの集まりもちょっと特別に。気分も上がります。

August

着物とは違って自由度が高い浴衣。
ビストロに行けるぐらいの着こなしをマスターすると
行動範囲も広がります。
そんなことを思って『つやび』では、
洋服のように着られる小花や小付けの柄もデザイン。
小物づかいやペディキュア合わせもまた楽しい。
三人三様、かわいく着こなしていました。

Autumn
The beautiful sights of autumn please my eye
when the town is tinctured with gold.

September 244/365

今日から９月。
しっとりワンピースを着て気持ちは秋モード。
おしゃれも楽しい季節がやってきました。
吾亦紅のブーケをかすみ草のようにわさっと束ねて。
引き立て役に回りがちな花だけど、
これだけでまとめたら立派な主役になれる花。
ワイン色の花穂は大好きな色。

245／365

September

ぶどう、いちじく、秋映りんごなどなど、秋の果物の盛り合わせ。
長峰菜穂子さんの大きなコンポート皿に盛りつけ
果物の色の重なりを眺めながらいただきます。
コンポート皿というと少し気取ったイメージだけれど、
"太めでずんぐり"な脚は安定感抜群で使いこなしやすい。
果物やケーキを盛るだけではなく、
編みかけの毛糸やドライの花なんかも置いたりします。

コスモスの花色が冴える秋の朝。
コスモスオレンジキャンパスとツクバネウツギを合わせたしつらい。
俳句の季語にも登場する、日本の秋を代表する花。
楚々とした雰囲気からは想像できないほどタフで、
強風にも倒れることなく咲き続ける
しなやかで力強い一面もあるのだとか。
野に咲くイメージで、大胆自由に生けてみました。

247／365

暑さも少しやわらぎ、気持ちよさそうにお昼寝中。
モケモケのクッションはモロッコから連れ帰ってきたプフ。
モロッコでは中に洋服やベッドリネンなどを入れて使っているそう。
うちはクッションのパンヤやブランケットの収納に。

248／365

キッチンの照明はフランス製の工業用ランプ。
天然素材のかごや木材が多いキッチンに、
異素材のハードな質感のランプが
ミックステイストな感じでお気に入り。
でも、先日旅先で木製のシャンデリアを見つけてしまい、
リビング用に付けようか、キッチンにどうかな？
と、悩み続けてかれこれ1週間……。

249／365

ついに、洗濯機が煙を上げ、
うんともすんとも言わなくなってしまいました……。
毎日毎日働き続けて、とうとうガタがきたんだね。
そんなこんなで私というと、大量の洗濯物を自転車に積み、
ランドリーと家を往復の日々。
待ち時間にカフェを新規開拓したり、布団も洗えたりと案外、
いいことも。そして、ついに我が家に新しい洗濯機が到着！
大幅に稼働時間が短縮されて、超快適！

桃とグラノーラでおはヨーグルト。
皮を剥くのがなんだか億劫でずっと避けてた桃が
いい感じに食べ頃になっていました。
こんな小さなことでも幸せと思うめでたい私。
お皿にあごを乗せて待機のぼぼちゃん。きみも食べたいよね？

キッチンに新しいカウンターがやってきた！
サイズ感も、作業効率の良さも理想通り。
木の風合い、ペンキのはげ具合もいい感じです。
届けてくれたのは、アンティークショップ『L'atelier Brocante（ラトリエ ブロカント）』の
トニー社長。いまではすっかり群馬訛りが定着したフランス人です。
立って作業するのにちょうどいい高さで、内側には棚付き。
収納できてアンティークなのに機能的。
さすがにこの高さではごはん泥棒はできませんね。

9月9日は重陽の節句。
9が重なるこの日を「重陽」と呼び、
薬効の高い菊をしつらい、食し、長寿と無病息災を祝う行事。
こうして古来からの行事を楽しむことで、
季節の移り変わりを意識し、元気であることに
感謝できる時間がもてるのだとつくづく思います。
慌ただしい暮らしに句読点を打つような感覚で、
暮らしの歳時記を取り入れたいと心がけています。

ススキ、アストランティア、セルリア、吾亦紅、
カルメンシータ、アスチルベシード、ワックスフラワー
グレビレア、紅葉ヒペリカム……。
秋の花と想いを束ねて。

254／365

悩みに悩んでお迎えした木製シャンデリア。
福岡のアンティーク家具店『krank（クランク）』で見つけたベルギー製。
大らかな木の彫りがどこかアジアっぽくもあり。
もともとゴージャスなイメージがあるシャンデリアも、
木製だからか天井の低い我が家のキッチンにもなじみます。
空間がぐっと温かな雰囲気になって、気分一新！

255／365

今宵の森食堂献立。

・らっきょう入りミニハンバーグ with 自家製バジルソース

・熊本の福田農園のしいたけステーキとたもぎたけのバター炒め

・大根煮とつるむらさきのお浸し

・高菜むすび

珍しくビールも注いでひとりめし。お先にいただきまーす。

256／365

久々にみんなでワンプレートランチ。
サバのソテー、かぼちゃやいんげんのグリル、
ゆで卵、じゃがいもなどの野菜いろいろ。
魚嫌い、ノンサバのとーちゃんは、
いつだってベーコンとソーセージ。
今日の器は渋め系をチョイス。

257／365

めんどくさがりやのガパオライスの置き弁。
お肉は豚こま、玉ねぎがなくて長ねぎ、冷蔵庫の残り物を入れて。
おかずが少な目でも、目玉焼きがのっていると豪華に見える。
置き弁なのでフタは閉めないのでご安心を。
箱の中にすべてを詰め込むお弁当は、
あれこれお皿を使わないから、食べる方も作る方も楽なんです。

シャツの中を通る風がそよそよ気持ちのいい季節。
お出かけ日和の今日のおめざは、立派なぶどう３種盛り。
ナガノパープル、シャインマスカット、クイーンニーナ。
深みあり、キレよし、みずみずしいと、甘さも味わいも三種三様。
お客様が大切に育てたピカピカのぶどう、おいしくいただきます。

果物はそのままいただくのが一番という保守派でしたが、
歳を重ねるにつれ、生ハムメロンもおいしく感じるようになりました。
オイルで和えてマリネにしたり、サラダの主役にしたり、
今更ながらそんな使い方もできるように。
シャインマスカットのアペタイザーは、旅先で出合った料理。
半分にカットしたシャインマスカットに
ブラータチーズを挟んで生ハムでぐるり。一口大で食べやすい。
フルーツのコクと発酵食品のマリアージュ、最高です！

『クロス&クロス』のウェルカムディスプレイ。
ぶどうをツルごと飾ってお客様をお迎えします。
世界一大きいぶどうと呼ばれるネヘレスコールは、
一房の長さが60cm～1mにもなるんですって。
旧約聖書にも記載があるといわれるほど古くからある品種。
しばらく飾って、あとはスタッフとありがたくいただきます。

261／365

野菜ソムリエの本間純子先生が持ってきてくれた
ぶどう7種と梨3種の食べ比べという夢のようなワークショップ。
お話の後は、さっそくお楽しみのデザートタイム。
シャインマスカットとナガノパープルのフルーツサンド。
ぶどうの水玉模様のかわいさたるや。これぞまさに断面萌えー！

クローゼットの整理をしていたら懐かしのかわいいコたちに遭遇！
ハンドワーク刺繍がキュートな
メイドインメキシコのフォークロアワンピース。
デザインを始めた頃からインスピレーションをもらっている古着たち。
まぶしいくらいにド派手な色彩、表情豊かな花モチーフ
細かいスモッキング刺繍など、服作りの勉強になるのです。
おばあちゃんになっても照れずにかわいく着こなしていたいな。

刺繍ワンピースを見たせいか、
どうも頭の中がメキシコでいっぱいになってしまった私。
ということで、家族でやってきました中目黒のメキシコへ！
ピンクやグリーンの壁に、タコスにワカモレ……。
まるで異国にいるような空間、ホットな料理の数々に
思わずサルサを踊れるものなら踊りたくなりました。

北海道の友人からお楽しみ便が到着。
いやいや、これは家庭菜園の域を超えているすばらしい野菜たち。
今年はもうおしまいだと思っていたゴールドラッシュに
再び出合えて何たる幸運！
名残惜しい夏の味覚、感謝していただきます。

265／365

いただいたゴールドラッシュは早速、冷たいすり流しに。
少量の水で煮立て、
ゆで汁ごとミキサーにかけペーストにしたもの。
味付けは塩のみ。
ポタージュほど重くなくてするするといくらでも胃に収まる。
冷蔵庫で冷やしたら、食欲のない暑い時期にはもってこいです。

266／365

行列のできるピザ屋さん「ピッツェリア・モッリ」。
手作りのピザ生地に、トマト、おくら、とうもろこし、
ブロッコリー、カリフラワー、ズッキーニなど、
野菜室にあった残り物をいろいろのせてチーズてんこ盛。
ピザ柄のてぬぐいをして早速スタンバっている3兄弟。
きみたち、ごはん食べたでしょ？

「森食堂」夜の献立。

・揚げとうもろこし

・タコとセロリのマリネサラダ仕立て

・なすのお漬物

・自家製ジェノベーゼソースでパスタ

さあ、一杯いかがですか？

268／365

我が家は秋のかぼちゃ祭り。
北海道の「かぼちゃ名人」明井（みよい）清治（せいじ）さんが育てた
メロンより甘くておいしい黄金の有機かぼちゃが届きました。
糖度20度以上というメロンよりも甘い幻の一品です。
スープに煮物にてんぷらに……、あと何作ろう？

269／365

昨日のかぼちゃでポタージュ作り。
大切なうまみ甘みを逃がさぬよう、蒸篭で蒸してからマッシュして
飴色玉ねぎと少しの牛乳とをミキサーにかけ、
あとは牛乳で伸ばします。
なんせ糖度が20度以上。味付けはほんの少しの塩だけで十分。

270／365

和の器好きの原点、陶芸家・花岡隆さんの個展がスタート。
20代で初めて手にした作家さんの器が花岡さんの作品でした。
温かな白の粉引きは「気取ってなくて料理がおいしく見えそう」
たしかそんな印象で手にしたのだと思います。
日常使いにぴったりで、約25年経った今でもどれも現役。
その作風はブレることなく、使っていて安心感があります。
そして何より、我が家と同じラブラドールを飼うもの同士。
懐のでっかい人だ！と勝手に解釈。急に距離が縮まった気が。

そんな敬愛する花岡さんのスープカップで
かぼちゃのポタージュをいただきます。
じんわりと温かさが伝わる粉引きのカップ。
浅い中碗に取っ手つき、面取りの仕事にも惚れ惚れ。

昨日仕込んだしみしみ鶏大根を麦藁手碗によそって。
豚汁とおむすびでお昼ごはん。
具沢山豚汁はおかわり自由、お米はもうすぐ終わりですー。

本日の「森食堂」のメニューは、
ジェノベーゼのパスタにさんまのコンフィのせ。
花岡さんちの放任栽培のかぼすをキュッと搾っていただきます。
大皿にどーんと盛ってそれぞれが取り分けつついただくスタイル。
どうぞ召し上がれ！

October　274/365

10月1日、中秋の名月。
お店のエントランスにススキの穂を飾ってお月見モードに。
一年の中で最も空が澄みわたる旧暦の8月に、
美しく明るい月を眺める行事として、
古来よりお月見が楽しまれていたそう。
ベランダでお団子でも食べつつお月見を楽しみたいところだけど、
今日も仕事が山盛り、すっかり遅くなってしまいました。
もぐちゃんお付き合いありがとう、一緒に月を見ながら帰ろうね。

あんこ名人のスズキエミさんからおはぎの差し入れ。
娘の誕生日のときも、大学合格のときもこしらえてくれたおはぎ。
しみじみふくよかな豆の甘み。このまん丸は私の癒しです。
今日は意外にもあんこに合う和紅茶とともにいただきます。
みんなであんこを炊く「あんこ道場」またやりたいな。

276／365

東京・町田のダリア園へ、電車を乗り継ぎやってきました。
とにかく広い園内には約500種ものダリアが咲き乱れ、
八重咲、ポンポン咲、スパイダー咲などバラエティ豊かに揃います。
これ、休憩所で見たディスプレイ。
小さな空き瓶にいろんなダリアの一輪挿し。ナイスアイデア！
そうそう、実は私の故郷・秋田は日本一のダリア産地。
花屋『ル・ベスベ』の高橋郁代さんが生前こよなく愛した
秋田のダリア園。私も帰ったら絶対に行こう。

『ハグ オー ワー』のウェルカムフラワーに、
昨日、連れて帰ってきた大輪のダリアを飾ります。
赤をテーマに、姫りんごと南天とともにぷかぷか浮かべて。

朝起きたらこげ茶の彼がアイスカフェラテを淹れてくれました。
ちょっと毛深くて、胸板厚くムッキムキ。
カフェラテはミルク多めの私好み。
彼ったらちゃんと分かっているのね。

279／365

本来、フルーツはデザートとして食べる派だけど、
今日はちょっと洒落たサラダ仕立てに。
「舞茸ファースト」にはまり、ソテーした舞茸とりんごを、
塩とオリーブオイルで和えただけのシンプルなレシピを作る。
舞茸が血糖値の急上昇を抑えて、
ダイエットにつながるというのだけど、
今日で3日目、1gもやせる気配なし。

280／365

そろそろ冬支度。
失敗の少ないヒヤシンスの球根の水耕栽培を始めます。
ポイントは、根が出る前は球根のおしりに水が当たらない
ぎりぎりのラインに水を入れておくこと。
根が出てきたらお水に浸かるようにセットします。
水耕栽培は成長の過程がじっくり観察できるのが面白いところ。
芽が出て嬉し、花が咲いてなお嬉し。

窓際はハロウィンモード。
もういい大人なので、モノトーンのしつらいにしてみました。
白と黒でまとめたハロウィン。こんなディスプレイもなかなか素敵。
キャンドルを眺めながらしっとり秋の夜長を楽しみます。

天高く馬肥ゆる秋。今日も「おいしい」が止まらない。
高知にある『ポワリエ・ショコラ』の栗が丸ごと入った
ミニパウンドケーキはおいしすぎて今季3本目。
使っているのは栗の名産地・長野県小布施町のもの。
小布施の栗の皮はつやがあり、中はしっとりほろっと崩れる食感。
口に入れるとブランデーがほんのり香って、
贅沢に秋を味わうケーキです。

283／365

椅子の背もたれからちょろっとはみ出すピーちゃんのお尻。
すると、ぷーんと漂う怪しげな臭い……。
「くっさー！ちっちゃい兄貴が屁をこいた」
と、思わず舌を出すヴォルス。

284／365

街路樹の景色も少しずつ秋色に変わってきた今日この頃。
ナナカマドの枝を大小の花器に飾って、
部屋のなかで紅葉を楽しみます。
少しずつ色づく葉の移り変わりを身近で観賞しながら
ひと足先におうちで紅葉狩りです。

大きな木の鉢に秋の実りのディスプレイ。
ひょろ長いかぼちゃは、秋田の道の駅で母が発見した新品種。
面白いからと送ってきてくれました。
花市場やファーマーズマーケットで見つけたお化けかぼちゃと、
落ち葉や拾った栗を合わせて大胆に。

キッチンでりんごの皮をむいていたら、
「お手伝いしましょうか」と、すっと現れたこげ茶の家政婦。
実はこの方、前科アリのりんご泥棒です。

今日はフルーツビネガードリンクのワークショップ。
実りの秋は果物も豊富。
彩りのきれいな季節の果物を長く気軽に楽しむために
ビネガーに漬けてぎゅっと旬を閉じ込めます。
果物の甘みでまろやかに仕上がった酸味は
炭酸やお湯で割ってドリンクに、
またドレッシングやソースとしても大活躍です。

いよいよ、『ハグ オー ワー』周年記念日までカウントダウン3日。
20周年のときにはエントランスが素敵なお花で埋め尽くされました。
生地屋さん、縫製工場、器作家さんなど取引先の方々、
また、カメラマン、編集者など私の仕事仲間たち、そしてお客様。
ネームプレートのお名前を見る度に、ぐっとこみ上げるものが。
ここまで続けてこられたのも皆さんの支えがあってこそ。
美しいブーケに向かって、
心の中で何度もありがとうをつぶやきました。

たくさんのお客様に応援していただき、
スタッフとの出会いと別れを重ね、
家族に支えられ、これまで楽しく続けてこられました。
9坪から始まった『ハグ オー ワー』という小さな木は、
約20年の間に、自由が丘の地に根を広げ、幹を太らせ
実り豊かでどっしりとした木へと成長しました。
20周年アニバーサリーでは、お揃いボーダーシャツで記念写真。
スタッフみんなとびきりの笑顔。大好きだよ！

1999年10月17日。自由が丘の路地に小さなお店を開きました。
子育てに励むなかで、「自分が着たい服を
そのまま小さくしたような子ども服があったらいいな」、
そんなささいなつぶやきから始まったお店。
大変じゃないとは言わないけれど、苦痛に思ったことはない。
だって、私の「好き」がぎゅっと詰まったお店だから。
毎年、この日を晴れやかな気持ちで迎えられて幸せです。
これまでに感謝し、これからがより良きものでありますよう祈ります。

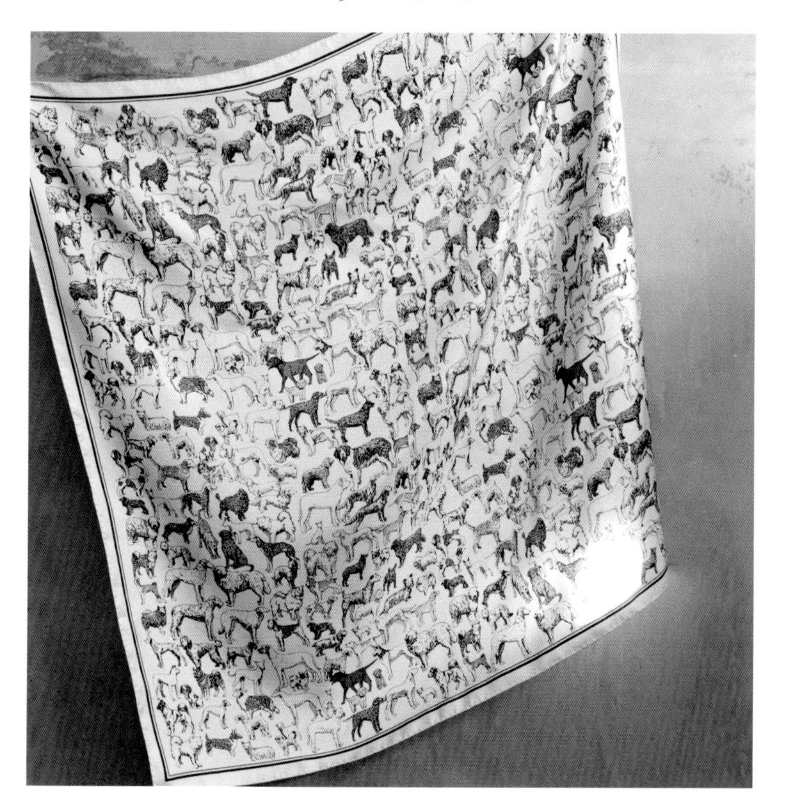

アニバーサリーに合わせて、素敵なシルクスカーフが完成！
その名も「ドッグパラダイス」。
私の味方、そしていつでも元気をくれる永遠の相棒たちに。
ベースとなったリバティプリントの「ベスト・イン・ショー」柄は
個性豊かな世界の犬たちがいっぱい！
先代ラブラドールレトリバーのモリラとグレゴリー、
現役のにぎやか三兄弟、もぐらとピカソ、そしてヴォルスが
夢の共演を果たしました。

どんな料理、組み合わせも受け止めてくれる
花岡隆さんの器はやっぱり懐が深く、
いつだっておおらかで頼りになる存在。
ほら、ピンクのテーブルだっていけちゃう懐の広さ。

お祝いにいただいたお花、元気の無くなった子たちは
花首をカットしてブリキのバケツに浮かべます。
バラ、ダリア、主役級のお花ばかりが詰まった
華やかなお花のプール。
「私を見て」と、どの花も気高く美しく。

こう見えて、3兄弟の中で一番マザコンのもぐら番長。
たまにはこうしてひとり連れ出す日を作っています。
今日は一緒に『ハグ オー ワー』にご出勤。
一日中、お客さんたちにいいコいいコしてもらってご満悦。
番長を見ると皆さんも笑顔、さすがカリスマ店員です。
皆に笑顔と愛嬌を振りまき、終日お疲れ様でございました！

朝一番の景色は、寝室に佇むお祝いのお花。
オレンジキャンパス、ダリアカフェオレ、バラ カフェラテ、
ケイトウ チャーミングビューティ、ユキヤナギ
バラの実、キイチゴベビーハンズ、おっきなダリアなど。
優しい色が溶け合って、最高にロマンチックなブーケです。

落ち葉舞う秋の日、
京都『椿堂』の店主・武村龍男さんが主人となり、
「秋の薄茶を愉しむ会」を開きました。
お抹茶は大好きだけど、実は作法に自信が無い私。
いつかちゃんと習得したいと思っていました。
背筋を正し、茶筅（ちゃせん）を器の中で回し、お茶を点てるひと時。
静かな部屋にシャカシャカとお茶を点てる音が響きます。
慌ただしい毎日でふと時間を止めるような感覚に癒されます。

木漏れ日が美しい晩秋の昼下がり、
武村さんに特別にお茶を淹れていただきます。
骨董の片口に小さな柿のなる枝を生け、秋らしいしつらいを。
お茶に集中する一瞬は心に静けさが訪れ、贅沢なひと時に。

298／365

October

すだちをたっぷりいただきました。
さんまが旬を迎える秋、相棒としてともに旬を迎える青い柑橘。
レモンより酸味が柔らかく、ゆずより香りがシャープ。
そんなすだちが大好き。お肉やお魚はもちろん、
うどんでも蕎麦でも、何にでもふんだんに絞って。
どんなにとがった味もすっきりまとめてくれるような気がします。

鎌倉在住の友人にいただいた新鮮しらすを
たっぷりのせてどんぶり朝食。
いただいたすだちをキュッ、仕上げにごま油たらり。
しめじときのこと豆腐の味噌汁にセリをたっぷりと。

『ハグ オー ワー』のエントランスはハロウィン仕様。
ケイトウにダリア、姫りんごをブリキのバケツにぷかぷか。
形も色もとりどりのかぼちゃをにぎやかに並べました。

301／365

久しぶりにお弁当を作りました。
さんまの塩焼き、煮物、かぼちゃの甘煮、玉子焼き、
そしてひじきごはんで純和風弁当が出来上がり。
しそやかぼすの輪切りのグリーンで彩りを添えて。
かぼちゃや玉子焼きの黄色もお弁当を華やかにしてくれています。

『クロス&クロス』のウェルカムディスプレイも、
かぼちゃいろいろと枝ものを並べてハロウィーンなしつらい。
キャンドルのゆらめく炎に照らされるかぼちゃや落ち葉は
終わりゆく秋のちょっとさびしい風情を醸し出しているかのよう。

303／365

October

わんこ仲間と合流。
日が沈みゆく平原で、ひたむきに駆けまわる犬たちの躍動感！
その美しい姿を眺めていたら、この一瞬はもう二度と来ないんだな
なんてセンチメンタルな気持ちに包まれました。
当たり前のようで、二度と無い今日のこのときを心に刻んでおこう。

304／365

ハッピーハロウィン！トリックオアトリート！
我が家にやってきたハロウィーンのおばけ大中小。
5歳になっても落ち着きのないおばけ(大)、
落ち着きのない大きい奴につられてモゾモゾ動くおばけ(小)、
動かざること山の如しのおばけ(中)。
おばけも個性いろいろです。

Winter

As winter has arrived and I spend more time at home,
warm fabric items and
hot food give me a cosy moment.

November 305/365

窓から射し込む陽が低く、そして柔らかくなり、
秋から冬へと季節が確実に進んでいるのを感じます。
晩秋の朝、日差しが当たるこの景色がなんだか好き。
窓辺にはバラの実を飾って。
季節が深まるにつれ緑から赤へと色付き、やがてドライ。

306/365

シーズンオフの日焼けサロンがはじまりました。
細く伸びたわずかな光の線に沿うように、一列で寝そべる3匹。
時間で移動する冬限定の大人気ぽかぽかスポットです。

307／365

紅葉も終わりかけ、桜の大樹の前で記念写真。
今日はヴォルスの彼女・黒ラブのユイちゃんも参加。
葉がほとんど落ちた木は少しさびしいようにも感じるけれど、
私たちに休息が大事なように、草木にもお休みは必要だね。
また来年の春、楽しみにしているよ。

308／365

November

何てかわいいの！ 誕生日のお祝いにと、
我が家の３兄弟のアイシングクッキーをいただきました。
作ってくれたのは双子おやつ創作ユニット『and Bake』の２人。
もぐらとピーちゃんの毛のモフモフ感、
ヴォルスのハの字眉毛など、みんなの個性がちゃんと出ている。
これはもう、かわいすぎて食べられない！

まだ一度もお会いしたことがないお客様から、
「誕生日のお祝いに」と毎年届くバラのブーケ。
色とりどりのバラは、華やかな空気を運んできてくれます。
大好きなフランスの画家、クレール・バスレーさんの
4枚の油絵との組み合わせも新鮮。
甘く濃厚な香りにうっとり。

我が家はお祝いの花盛り。美しい花がまた届きました。
両手に余るほどのたっぷりなバラ、まさか歳の数？と、
恐る恐る数えてみたらなんと50本。多くて逆にうれしいわ！
結婚25年、夫から花束なんて一度ももらったことはないけれど、
こんな素敵なお花をいただけて、私って幸せ者！

11月7日、誕生日。母からメッセージが届く。
「一年に一回の誕生記念日、今年も元気で迎えられる事に感謝ですね。想い出すのは、あなたの出産のとき、荷物を持ち一人で病院へ行ったこと。受付の人が誰の出産ですか!? と驚いていました。退院のときには道路一面に黄金(イチョウ)の絨毯が敷き詰められてました。これからも、自分に責任と自信を持って前進してください!」
誰よりも私を応援し、気にかけてくれている母。大きな愛を感じます。誕生日は、私を生んで育ててくれた両親に感謝をする日ですね。

312 / 365

ふと思い立ち、誕生会を自らオーガナイズ。
人気のベトナムレストランを貸し切り、小さなパーティーを開催。
仕事終わりのスタッフと仲間たちが駆けつけてくれました。
ただみんなとワイワイ、おいしいごはんを食べたかっただけだけど、
それぞれが楽しい仕掛けを用意してくれていて、大笑いで夜は
更けました。
娘からは「さっき描いた」という絵のプレゼント。
スケッチブックから一枚その場で破って……。はい、どうもです！
ろうそくの数はリアルに描かなくてよいのよ。

313／365

今日のおめざ。
大好物、二種の栗蒸し羊羹を並べてにんまり。
どちらもいただきもの。
富ヶ谷の名店『上菓司 岬屋』VS
都立大学の老舗『御菓子所 ちもと』。
新栗が出回る秋から初冬頃だけにいただける季節の味。
ほっくりした栗の食感と、みずみずしい蒸し羊羹が
仲良く手をつないで、幸せのおいしさ。

風が冷たく感じられるようになってきたこの頃、
あつあつの紅茶がぐんとおいしく感じる季節がやってきました。
今日のお茶は『クロス&クロス』のジンジャー和紅茶。
京都『椿堂』の「和紅茶」に、ドライジンジャーをブレンドしたもの。
まろやかな紅茶の奥に、ほんのり生姜の辛みがきいて、
ひと口飲むごとにお腹の底がほわっとあたたかくなります。

「おいしい新米が炊けましたわよ」
今朝はこげ茶の家政婦さんが朝ごはんの用意をしてくれました。
熊本の『のはら農研塾』の新米はみずみずしくて粒が滑らか。
収穫したてのお米ならではの甘い香りを堪能していたら、
「鋳物のようなどっしり感の土鍋、かっこいいですね」
とこげ茶の家政婦さん。
さすがお目が高い。鈴木環さんの土鍋ですわよ。

316／365

November

「森食堂」の朝定食は新米おむすびとなめこ汁。
いただきものの広島菜漬けと京都のおじゃこと佃煮も付けて。
ちなみに、「森食堂」開店のきっかけは娘のひと言から。
「パパが好きな音楽をかけて、ママがごはんを作る、
そんな食堂をやればいいんじゃない？」って。
それって、夫は座ってレコードをかけるだけで、
何ひとつ変わらなくない？
一体、洗い物はだれがするんですかね。

お客様からの贈りもの、畑でとれたキウイと洋梨が届きました。
晩秋の果物というと柿や梨を思い浮かべますが、
キウイもいまが旬なのだそう。
友人が丹精して育てた無農薬のキウイと洋梨、
ありがたくいただきます。

318／365

リビングのチェストの上を模様替え。
先代犬のグレゴリーとモリラの写真や、
犬の置物などを並べて、大好きなわんこコーナーとしました。
小さな頃のゆららの写真といい、どれも思い出がいっぱい。
お気に入りのフォトフレームに入れて、
ときにはベッドルームに、ときには本棚へと飾り、
少しずつ動かしながらいつも身近に感じています。

冬の定番、りんごのことこと煮。
皮をむき薄くスライスしたりんごを鍋に入れ、
きび砂糖を全体に絡めます。
ふたをして弱火でりんごが柔らかくなるまでことこと。
好みで煮始めにコアントローを、仕上げにシナモンパウダーを
少しだけ入れると味に奥行きが出ますよ。
うちのレシピはりんご5個にお砂糖150gくらい。

320／365

一度は行ってみたい西宮の『生瀬ヒュッテ』の山小屋パンで
朝ごぱん。職人竹内久典さんの作るパンは
「神のパン」と評す人もいるほどの至高の味。
石窯で焼かれたパンは噛むごとにじんわり旨味が広がり、
外サクサクで中モチモチ。その味の虜になってしまいます。
「あつ森」もウンウン唸って食べるほど。
丁寧にドリップしたコーヒーにミルクたっぷりのカフェオレと。

お弁当のおかずの残りで小どんぶりの朝定食。
そぼろと小松菜のナムル、炒り玉子の三色丼と、
豆腐とお揚げのお味噌汁付き。
新米ごはんは、もっちりみずみずしくてこの時期ならではの味わい。
小さな飯碗は、陶芸家・井上茂さん作の彫三島。
常に原土と向き合い、ブレンドして作られたオリジナルの土は
焼成もしっかりしてとっても丈夫。
雑な私向きで、日常使いに頼もしい器です。

322／365

先日、「麻婆豆腐が食べたいな～」とつぶやいていたら、
料理上手の友達が、スパイスとお肉を炒めて作った
自家製の「素」を届けてくれました。
私がやったことといえば豆腐と薬味を入れて片栗粉を投入、
ただそれだけ。
目玉焼きをのせて、ごま油をひとまわし。
口の広い飯碗でぐるぐる混ぜていただきます。
おいし過ぎる新米といい、食べ過ぎ要注意だわ。

323／365

真夜中の「森食堂」。
ラザニアに、ミートソースパスタ、それにチーズ入りパン。
こんな時間に、恐ろしく高カロリーのメニューです。
完成パスタにチーズをおろして、ちょっと持ち場を離れたら……。
目を見開いて獲物を狙うこげ茶のハンター。
コラー！ 危機一髪、ごちそうを守りました。
我が家の日常の風景。油断も隙もあったもんじゃありません。

324／365

明くる日のキッチン。

ごみ箱を物色するもふもふハンターが出現。

「かーちゃん、兄貴が悪さしてるだよ」と告げ口する三男坊。

きみ、日頃の行いを棚に上げて、どの口がいうのかね……。

公園の葉が色づいて、毎日景色が変わる美しい朝。
葉っぱの絨毯もどんどん厚みを増して、秋らしさ全開です。
もぐちゃん、どこか一緒に紅葉狩りに行きたいね。

もぐとピーちゃんのあったかニットコレクション。
普段、お洋服は着せない派だけれど、
寒くなったらセーターは必須。
もぐピカクローゼットに、少しずつコレクションを増やしてきました。
ただいま『ハグ オー ワー』でも、
オリジナルのわんこセーターを絶賛計画中です。

今日は朝早くから、兄貴たちは健康診断のため病院へ。
健康な若者はひとりお留守番。
もうひとりのお留守番・とーちゃんに手紙を残し、
ぼぼちゃんのお相手を頼みました。
帰ってきたら、家の随分手前までギャン泣きが聞こえるし。
あれま……。

328／365

仲間を呼んで新米をいただく会を開催。
熊本の『のはら農研塾』の新米のおともは、
熊本の旬の魚〈森さんのお魚セレクトセット〉。
料理名人の友人たちが腕を振るい、天然ヒラメやシマアジの刺身、
紋甲イカはお刺身とアヒージョに、
太刀魚は天ぷらにと夢のような食卓。
私は柿と春菊の白和えサラダを作っただけ。
最高においしくて、楽しい夕べ。口福幸福。

私がデザインする『つやび』のカタログ撮影のため京都へ。
噂の『WEEKENDERS COFFEE』にてはんなり浴衣で朝ラテ。
町屋の風情を感じられるコーヒースタンドです。
畳でいただく本気のカフェラテ、おいしいどすえ。

2日目の京都は鴨川近くの路地にある『WIFE＆HUSBAND』へ。
古道具が並べられた店内は居心地よく、自家焙煎コーヒーも美味。
軒先に吊るされたアンティークスツールとかごの目を引くディスプレイ。
晴れた日には、このバスケットにコーヒーセットを詰めて
鴨川ほとりでピクニックができるのですって。
また春の楽しみができました。

紅葉真っ盛りで、美しさのクライマックスを迎えている京都。
友人に秘密の紅葉スポットに連れて行ってもらいました。
大原に向かう途中にある小ぢんまりとしたお寺、蓮華寺。
参道を通り山門をくぐると、見事な紅葉が目の前に迫ります。
見上げると、カラーパレットのような色のグラデーション！

332／365

今宵は故郷秋田の味、きりたんぽ鍋。
地元・秋田横手の『嶋津』からお取り寄せしたきりたんぽ鍋は、
すべて具材がカットされてるから包丁いらずでとってもありがたい。
おまけにタレもストレート。
具材は、比内鶏に、セリ、舞茸、ごぼう、ネギ、糸こんにゃく、
油揚げ、そしてきりたんぽ。
私は、きりたんぽを柔らかくなるまでドロドロにするのが好き。
北風冷たいこんな日は、鍋が一番。体がぽかぽかあったまる。

333／365

香りは暮らしのなかで欠かせないアイテム。
ときに火を灯し、好きな香りを部屋に立ち昇らせます。
ゆらゆらと揺れる炎を眺め、ぼーっとしていると、
頭はオフモードに切り替わり、気持ちも静かに整います。
誰も連絡してこないでそっとしておいてね……。
そんなときもたまにはあるのです。

334／365

November

誕生日にいただいたバラのブーケ、
その美しさを閉じ込めるようにドライフラワーにしました。
やり方はいたって簡単。
花のきれいな姿を十分に楽しんだら、元気が無くなる前に
ひもで縛り、風通しのよい場所に逆さに吊るしておくだけ。
普通はドライにすると色合いもワントーン落ち着いてしまいますが、
あれだけ鮮やかなバラたちは、ドライにしても華やかです。

カレンダーも残すところあと一枚。
毎年思うことではあるけど、今年は一年が早かったな〜。
焦りそうになる気持ちを鎮めて、師走の花あそび。
ドライになったあじさい、落ち葉を木鉢に入れ、
真っ赤な姫りんごをコロコロと並べます。
ピンクペッパーと食べきれなかったザクロを足して雅姫流生け花。

12月のお茶会はこげ茶がテーマ。
りんごのことこと煮やスイーツはアンティークのブラウンで
スタイリングしてみました。
じっと控える給仕の紳士も、これまたこげ茶色。

庭のもみの木をカットしてスワッグづくり。
長さやボリュームなど全体のバランスを見ながら、
ハーブなどを取り混ぜつつ、グリーンを束ねるだけでできるスワッグ。
部屋の好きなところに吊るしておくと、
フレッシュな空気を運び、空間を浄化してくれるよう。

338／365

今年は遠出できなかったけれど、
近所の立派な銀杏並木で黄金色の秋を堪能。
カサコソ落ち葉を踏みながらの散歩は犬たちもうれしそう。
春の桜、初夏の新緑、秋の落ち葉……、
私同様、移りゆく季節の喜びを受け取り楽しんでいるはず。

冬のインテリア、クリスマスの飾りつけ。
まずはガラスの花器に姫りんごとシナモンスティック、
月桂樹をワッサリ。
自然がつくる赤とグリーンのオブジェが
クリスマス気分を盛り上げてくれます。

340／365

December

しばらく部屋に飾って楽しんだ姫りんごはコンポートに。
甘み控えめで、そのままでは食べづらい姫りんごも
きび砂糖で煮てリキュールで香りづけしたらかわいいデザートに。
アイスに添えたり、プレーンなケーキのトッピングにしたり、
おもてなしのテーブルも華やかになります。

341/365

街はクリスマスムード一色。我が家のキッチンの片隅も
カラフルなオーナメントで盛り上げてみました。
シルバーペイントした枝にオーナメントをぶら下げます。
フルーツにわんこ、フライドチキンも骨もあるよ。
お店にはどんなオーナメントを飾ろうかな。

フライングでクリスマスのとっておきおやつを開封。
ジンジャーマンやサンタ型のクッキー、
幻の『生瀬ヒュッテ』のシュトーレンもある！
大事に少しずつ食べようと心がけていますが、
そのおいしさに手が止まらなくなってしまう……。
クリスマスまではまだまだ日があるというのに！

343／365

じっくり手仕事をしたくなる冬の夜長。
昔買った『ラ・ドログリー』の毛糸で、久々に編み物を始めました。
テクニックがないのでひたすらまっすぐメリヤス編み。
ゆららが小さい頃はよくマフラーを編んであげました。
若い頃はバレンタインにも手編みマフラーを作ったっけ。
あのバイタリティー、いまは無し……。

344/365

若き友人男子がガトーショコラをホールで送ってきてくれた！
早速、カットしてお茶の時間に。
冷蔵庫で少し固くなったケーキは電子レンジで約20秒、
チンしてゆるめてフォンダンショコラ風にいただきます。
お皿のオクトゴナルは鉄媒染という技法で黒く染めたスペシャル品。
『クロス&クロス』のノエルギフトのために『cogu』が作ってくれた
世界にここだけの特別なプレート。
ちょうど届いたサンプルにケーキを盛ってひと足お先に楽しみます。

345／365

お弁当を作っていたら、あれあれ困った。
頼れる相棒の卵がなんと残り1個。
急遽、牛乳を足して炒り卵からスクランブルエッグ風に変更。
残り物のソーセージは大小さまざまでこちらも急場しのぎ。
そぼろは和風味、もやしと小松菜のナムルは中華味、
スクランブルエッグとソーセージはケチャップで洋風味に。
不思議と混じり合う味がそれなりにおいしい。
お弁当の醍醐味ですよね。

暮れも押し迫ったこの日、友だちを誘って家で
お正月のしつらいの予行練習を兼ねてランチ会を開きました。
金柑の蜜煮、田作りなどのおせち料理を作り、
お膳と器でコーディネート。
南天や松などの花材もあしらってすっかりお正月気分に。
おしゃべりしながらおせちを作るひと時、
「婦人会」のようで楽しかったな。

347/365

季節外れの夏に、一日入門した味噌道場のマイ味噌。
もうそろそろ食べ頃かなと、ついにいただきました。
味噌は保存の環境が味に影響すると言われているけれど、
我が家の保存場所のリビングは人の出入りも多いし、
犬もいるしでどうかな？と案じていました。
けれど、何とまあ！驚くほどおいしい手前味噌のできあがり。
まろやかで甘くて、
今まで食べてきた味噌のなかで一番なくらいです!!

348/365

December

初めての手作り伊達巻、お正月の予習です。
一般的にははんぺんで作ることが多いようだけど、
今回はタラの身を使ったレシピに挑戦。
大変そうと思っていた伊達巻ですが、コツさえ掴めば意外と簡単。
甘さを自分好みに加減できるのがうれしい。

キリリと冷え込む師走の夜。
実家にいるときは、冬になると必ず使っていた湯たんぽ。
秋田ほど寒くない東京では出番が少ないけれど、
あまりに寒い夜は、湯たんぽで布団の中をぬくぬくにします。

あったかおでんクリスマスバージョン。
カラフルなにんじん、ミニたまねぎ、ソーセージを入れて
クリスマスカラーのポトフ風おでんです。
スープ皿に盛り付けて、モミの木の箸置きのあしらい。

思わず目がハートになってしまうキラキラのアクセサリーたち。
ヨーロッパのアンティークのパーツやビーズ、
日本のガラスビーズをベースに、細かな手作業で作られた
『yumiko kawata』のアクセサリー展の始まりです。
キラキラ輝くアクセサリーはいくつになっても
女性の心をときめかせてくれる魔法のアイテム。
一年間頑張った自分へのご褒美に、あれもこれもと目がハート。

352／365

12月はお楽しみが続々と。新しい年を迎えるにあたり、
陶芸家の井上茂さんに小さな丸三宝と高台皿を作ってもらいました。
小さな鏡餅を供えるためにと作ってもらったけれど、
こうしてドライの花をしつらえてみたり、
アクセサリーを置いたり、使い方はいろいろ。

大好きな『アダンソニア』のパウンドケーキ。
ピスタチオの香りがふわっと広がるシンプルなバターケーキに
ミルキーなホワイトチョコレートを組み合わせた優しいケーキです。
ピスタチオの淡いグリーンとホワイトチョコのマットな白が
冬に似合うおいしくてかわいいお菓子。

354／365

シュトーレンは大人になって知った12月の楽しみ。
クリスマスを控えたアドベントの期間に少しずつスライスしながら
家族や友人と食べるドイツのスイーツ。
日が経つほどに味がなじんでおいしくなる、
「待つ」を楽しむお菓子です。
お店では、『アダンソニア』のシュトーレンを用意しました。
ここでしかない『cogu』のオクトゴナルプレートと
組み合わせたスペシャルなセットで、手にできる方が羨ましい、
夢の限定コラボレーションです。

あっという間に日の暮れてしまった冬至の夕。
一年で最も夜が長い日とされているのもうなずけます。
今夜は昔からの風習にのっとり、かぼちゃのごちそう。
メニューは洋風にして、かぼちゃグラタンに。
ローストした小さめかぼちゃの上を切ってから
中身をくりぬいて、グラタンの具と自家製ベシャメルソースで。
あとは、溶けるチーズをのせてオーブンでじっくり焼くだけ。

356／365

街がクリスマスムードでどこか浮き立っているみたい。
『ハグ オー ワー』と『クロス&クロス』のディスプレイも華やかにして、
ホリデイシーズンを楽しく盛り上げます。
ウキウキと大切な人やご自身へのギフトを選んでいらっしゃる
お客様を見ると、こちらまで華やいだ気持ちになります。
ハッピーのお手伝いができて、こんな嬉しいことはありません。

357／365

ちびサンタ２名と、お付きのトナカイと記念撮影。
もぐピカの衣装は『ドン・キホーテ』で調達したサンタさん。
ぽぽちゃんはあいにくどの服も入らなかったので、
仕方なく裸のトナカイに就任デス。

メリークリスマス！
ちびサンタは朝から大忙しで走る走る！
その「あわてんぼうサンタ」ぶりに思わずヴォルスも横目でチラリ。
プレゼントを待っている子どもたちに喜びのプレゼントを配れるかな？
少なくとも、にっこり笑顔は届くよね。

クリスマスの夜、気の置けない仲間を招いて楽しいごはん会。
メインは私の十八番レシピのローストチキンとグリル野菜。
大きな鶏のお腹にハーブやじゃがいもや豆をたっぷり詰めて
オーブンでこんがりと。
付け合わせのグリル野菜は、グリルパンで焦げ目がつくまで
じっくり焼いて、最後はシンプルに塩こしょうで仕上げ。
オーブン料理は仕込みをしておけば、当日は意外と楽ちんで、
私もみんなと食卓を囲み、おしゃべりに花を咲かせられます。

360／365

楽しい宴から明けて次の朝。
クリスマスの余韻を少し感じつつ、新年へと意識は向かいます。
まずは冷蔵庫のお片付け。
余った食材をあれもこれも鍋に放りこんでミネストローネを作ります。
野菜たっぷりのスープでお腹があったまったら、
さてと本格的に片付け始めますか！

銀杏の絨毯の上でもぐとピーちゃんがチュッ！
ラブな光景に、朝からきゅんとしてしまう。

362／365

地方に暮らす陶芸家さんに庭なりのレモンをたくさんいただく。
太陽のイメージが強いレモンですが、国産はいまが旬。
まずは大鉢に飾って、眺めて楽しむ。
たとえお花や特別な道具が無くても、
こうして旬の果物を並べるだけでも十分「季節のしつらい」に。
これこそが、私の大好きな暮らしの小さなクリエイティブ。

363／365

朝から少しずつ片付けの開始。まずは水屋箪笥の引き出しの中から。
なんとなく乱れていた箸置きもきれいに並べて整えます。
ガラスに陶器、木や金属、形も素材もいろいろ。
私のひそかなコレクション。
季節感を表現したり、お祝いの気持ちを込めたり。
食卓で自由に「遊び心」を発揮できる小さくて頼もしい道具です。
無くてもいいけれど、あったら嬉しい。
そんな道具の力を借りて、日々の暮らしを楽しくしています。

364/365

今年も残すところあと一日。
いつもながらにバタバタと駆け抜けている年末。
おせちの準備など、やらなくてはいけないことが目白押しですが、
まずは「今日中に」と玄関にお正月の花を飾ります。
純白の『アスティエ・ド・ヴィラット』の花器に
菊と松が共演。傍らに大きな椿の花もしつらえました。
玄関の空気が急に引き締まり、新年を迎える心持ちになります。

365／365

December

お正月のしつらい。

片口に土を入れ、椿を挿して表面に苔をはります。

椿の花言葉は、控えめな美しさ、控えめな優しさ。

椿の美しさにあやかって、

来年一年も謙虚に進んでいけたらと思う年越しの夕暮れどき。

雅姫

MASAKI

モデルとして活躍するほか、東京・自由が丘にある上質で着心地のよいレディース服の店『ハグ オー ワー』、大人のための衣食住を提案する店『クロス&クロス』をプロデュースし、デザイナーも務める。
インテリア、料理、ファッションなど、暮らし周りのスタイルを提案。『すてないひと 好きなものは、日々使う』(マガジンハウス)など著書多数。
夫と娘、3匹の愛犬との暮らしぶりが楽しいInstagramも人気。@mogurapicassowols @hugowar_vintagechic
https://hugowar.jp/

STAFF

ブックデザイン　Makiko Ikeda
撮影　雅姫
　大森忠明（各章扉、帯）
イラスト　森ゆらら
校正　鷗来堂
編集協力　鈴木麻子
特別協力　monstyle
　天然生活

My Ordinary Days

衣食住、四季を巡るわたしの暮らし

2020年11月27日　初版発行
2020年12月25日　3版発行

著者　雅姫
発行者　青柳昌行
発行　株式会社 KADOKAWA
〒102-8177
東京都千代田区富士見2-13-3
TEL　0570-002-301（ナビダイヤル）
印刷所　大日本印刷株式会社

お問い合わせ
https://www.kadokawa.co.jp/（「お問い合わせ」へお進みください）
※内容によっては、お答えできない場合があります。
※サポートは日本国内のみとさせていただきます。
※ Japanese text only
定価はカバーに表示してあります。

ISBN 978-4-04-604572-0　C0077